Jitendra Kumar Malik

Resposta da variedade de mostarda ao espaçamento e ao nível de azoto

Jitendra Kumar Malik

Resposta da variedade de mostarda ao espaçamento e ao nível de azoto

Verificação da resposta a diferentes espaçamentos, variedades e níveis de azoto na cultura de sementes oleaginosas

ScienciaScripts

Imprint
Any brand names and product names mentioned in this book are subject to trademark, brand or patent protection and are trademarks or registered trademarks of their respective holders. The use of brand names, product names, common names, trade names, product descriptions etc. even without a particular marking in this work is in no way to be construed to mean that such names may be regarded as unrestricted in respect of trademark and brand protection legislation and could thus be used by anyone.

Cover image: www.ingimage.com

This book is a translation from the original published under ISBN 978-620-2-00407-7.

Publisher:
Sciencia Scripts
is a trademark of
Dodo Books Indian Ocean Ltd. and OmniScriptum S.R.L publishing group

120 High Road, East Finchley, London, N2 9ED, United Kingdom
Str. Armeneasca 28/1, office 1, Chisinau MD-2012, Republic of Moldova, Europe
Printed at: see last page
ISBN: 978-620-7-72415-4

Índice:

Capítulo 1

INTRODUÇÃO

A Índia é a terceira maior economia de óleo comestível do mundo, depois dos EUA e da China. Ocupa uma posição distinta não só em termos de área cultivada com sementes oleaginosas, mas também em termos de diversidade de sementes oleaginosas cultivadas. É abençoada com condições agroecológicas favoráveis ao cultivo de nove grandes sementes oleaginosas, incluindo sete sementes oleaginosas comestíveis: amendoim, colza-mostarda, soja, girassol, cártamo, sésamo, niger e duas fontes não comestíveis, nomeadamente rícino e linho, para além de uma vasta gama de outras sementes oleaginosas menores e espécies arbóreas oleaginosas.

A economia agrária indiana partilha 14% da superfície cultivada bruta, representando cerca de 5% e 10% do valor de todos os produtos agrícolas (Mandal *et al.,* 2002). Na Índia, a produção de sementes oleaginosas aumentou de uns meros 10,83 milhões de toneladas em 19851986 para 20,5 milhões de toneladas em 2001-02 (Anon., 2003). O mérito da Missão Tecnológica para as Sementes Oleaginosas (TMO), criada pelo Governo indiano em 1986, é da chamada "revolução amarela" na produção de sementes oleaginosas na Índia. A produtividade das sementes oleaginosas na Índia é ainda baixa: 935 kg/ha contra 1 632 kg/ha (Damodaran e Hegde, 1999). O consumo per capita de óleo na Índia é apenas de cerca de 9,1 kg/ano/capita (1999-2000), contra 14 kg de necessidades nutricionais mínimas prescritas pelo Conselho Indiano de Investigação Médica e 17,8 kg de média mundial.

Os óleos e as gorduras constituem um componente vital da dieta humana, uma vez que são uma boa fonte de energia e actuam como transportadores de vitaminas lipossolúveis. O bagaço ou farinha de óleo tem um elevado valor nutricional na alimentação animal devido ao seu elevado teor de proteínas de boa qualidade.

O desafio de produzir 58,56 milhões de toneladas de sementes oleaginosas até ao final do 10º planoth para satisfazer as necessidades da população indiana projectada de 1196,4 milhões de habitantes, juntamente com a manutenção da saúde dos solos a longo prazo. Para satisfazer as necessidades de cerca de 33,82 milhões de toneladas de sementes oleaginosas, é necessário um crescimento da produção de 5,16% por ano. Não é provável que a área cultivada com sementes oleaginosas aumente num futuro próximo. A produção projectada de sementes oleaginosas deve resultar principalmente do aumento da produtividade (Ghosh *et al.,* 2002). A colza e a mostarda são a segunda cultura oleaginosa mais importante, a seguir ao amendoim, numa área de 6 milhões de hectares, com uma produção de 5 milhões de toneladas e uma produtividade de 1000 kg/ha.

A seleção de variedades de elevado rendimento, a população ideal de plantas e a gestão dos fertilizantes são factores agronómicos fundamentais para melhorar a produtividade da colza e da mostarda.

Há muitas variedades que estão a ser cultivadas pelos agricultores e que são de baixo rendimento. Uma nova variedade 4001 desenvolvida a partir da Proagro é cultivada pelos agricultores desta área em grande escala sem seguir o pacote padrão de práticas. É necessário avaliar o desempenho desta variedade e normalizar o pacote de práticas, incluindo a população de plantas, em comparação com a variedade agronomicamente estabelecida Pusa Bold.

A gestão dos fertilizantes, em particular do azoto, é muito importante para a produção sustentável de sementes oleaginosas. O azoto é um elemento chave para o crescimento e desenvolvimento das plantas devido ao seu papel fundamental na multiplicação celular, alongamento celular, diferenciação de tecidos e produção de folhas com maior teor de clorofila que ajudam à fotossíntese. O processo de diferenciação dos tecidos mudou de somático para reprodutivo e promove a atividade meristemática e o desenvolvimento do primórdio floral, resultando na formação de mais sumidouros (sementes), o que resulta numa maior produção de sementes.

Tendo em conta estes factos, o presente estudo, intitulado **"Resposta das variedades de mostarda *(Brassica juncea* L. Czern & Coss) ao espaçamento e aos níveis de azoto",** foi realizado no Kisan (PG) College, Simbhaoli, Ghaziabad, UP, com os seguintes objectivos

(i) Comparar o desempenho de duas variedades.
(ii) Verificar o efeito do espaçamento no crescimento e no rendimento da mostarda.
(iii) Estudar o efeito do azoto no crescimento e no rendimento da mostarda.
(iv) Estudar o efeito de interação entre a variedade, o espaçamento e o azoto, caso exista.
(v) Determinar a economia da aplicação de fertilizantes.

Capítulo 2

REVISÃO DA LITERATURA

Neste capítulo tentou-se fazer uma revisão da literatura disponível sobre a **"Resposta das variedades de mostarda *(Brassica juncea* L. Czern & Coss) ao espaçamento e aos níveis de azoto"**, em rubricas apropriadas.

2.1 EFEITO DO ESPAÇAMENTO

2.1.1 Efeito do espaçamento no crescimento

Tripathi e Singh (1977) observaram que o peso fresco e seco por planta aumentava significativamente com o aumento do espaçamento entre linhas até 60 cm de distância. Tripathi e Maurya (1992) relataram que o peso fresco e seco por planta aumentou significativamente com o aumento do espaçamento entre linhas até 60 cm de distância. A altura da planta não foi influenciada significativamente pela variação do espaçamento entre linhas (30, 45 e 60 cm).

Chauhan *et al.* (1993) referiram que o espaçamento entre linhas não afectava a altura das plantas. Enquanto Tripathi e Verma (1995) observaram que a altura da planta aumentou significativamente no espaçamento entre linhas de 60 cm do que na fronteira e na sementeira regular a 45 cm de distância, respetivamente. Sharma *et al.* (1997) verificaram que o espaçamento não teve qualquer efeito na produção de matéria seca por planta.

Buttar e Aulakh (1999) observaram que o espaçamento entre linhas não teve efeito significativo na altura das plantas e no número de ramos secundários por planta. Da mesma forma, Thakur (1999) constatou que o espaçamento não teve efeito significativo na altura da planta. Mas em contraste. Sahoo *et al.* (2000) relataram que o espaçamento mais próximo proporcionou melhor crescimento e melhor acúmulo de matéria seca. Khichar *et al.* (2000) relataram que a semeadura no espaçamento de 30 x 15 cm registrou o maior LAI e acúmulo de matéria seca por planta.

2.1.2 Efeito do espaçamento nos atributos de rendimento e no rendimento

Registou-se um número significativamente mais elevado de ramos primários, secundários e terciários por planta num espaçamento mais largo de 50 cm entre linhas, em comparação com os espaçamentos de 30 e 40 cm entre linhas (Murty, 1969 e Tripathi, 1969). No entanto, Tripathi (1969) observou que o peso de 1000 sementes não foi afetado por diferentes espaçamentos entre linhas. Rathi e Dayaram (1975) observaram um melhor desempenho de Varuna, uma variedade de mostarda, a um espaçamento de 60 cm entre linhas, em vez de 30 e 45 cm, enquanto Vir e Verma (1981) concluíram que a variedade Varuna da Rai deu o maior rendimento com um espaçamento entre linhas de 45 cm, que foi 12,1 e 9,1 por cento mais do que os espaçamentos de 30 e 60 cm. Bhati *et al.* (1987) observaram que *a Brassica juncea* cultivada num espaçamento de 10, 15, 20 ou 25 cm em linhas e a 30 e 45 cm de distância deu o maior rendimento de sementes a 30 x 15 cm. Por outro lado, Singh e Singh (1987) relataram que o espaçamento entre linhas de 45 cm produziu uma produção de sementes significativamente maior do que 60 cm em 1982-83. No entanto, o número de síliquas por planta diminuiu acentuadamente com um espaçamento entre linhas mais próximo de 30 cm em comparação com os espaçamentos de 45 e 60 cm.

Tomar e Namdeo (1989) referiram que o espaçamento entre linhas de 30 cm produziu maior rendimento em comparação com 45 cm. Verma (1989) concluiu que o espaçamento entre linhas de 15, 30 e 45 cm tem um efeito significativo no rendimento da mostarda. Do mesmo modo, Singh e Singh (1991) referiram que o espaçamento entre linhas de 45 cm resultou numa produção de sementes significativamente mais elevada em comparação com o espaçamento entre linhas de 30 e 60 cm. No entanto, o espaçamento entre linhas de 60 cm produziu uma produção de sementes por planta e um peso de 1000 sementes significativamente mais elevado. Vasvelia *et al.* (1991) relataram que não houve diferença significativa de rendimento entre a semeadura na linha 45 x 60 cm.

No entanto, o peso de 1000 sementes aumenta significativamente com o aumento do espaçamento entre linhas até 60 cm. Tripathi e Maurya (1992) referiram que a sementeira de mostarda a 45 cm de distância proporcionou uma produção de sementes de mostarda significativamente superior em 12,48 e 10,41 por cento em relação aos espaçamentos entre linhas de 30 e 60 cm. No entanto, o peso de 1000 sementes aumentou significativamente com o aumento do espaçamento entre linhas até 60 cm. Sharma (1992) verificou que o número máximo de síliquas por planta e a produção máxima de sementes registados com um espaçamento de 37,5 cm entre linhas era significativamente superior ao espaçamento de 22,5 cm entre linhas. No entanto, o espaçamento de 45 cm entre linhas deu o maior peso de 1000 sementes. Chauhan *et al.* (1993) observaram um aumento significativo no número de ramos por planta até 40 cm de espaçamento entre linhas em relação ao espaçamento mais próximo entre linhas. No entanto, o espaçamento entre linhas de 30 cm deu mais rendimento de grão e de palha do que os espaçamentos entre linhas de 20 cm e 40 cm.

Gawoi *et al.* (1994) referiram que o rendimento da mostarda era maior com um espaçamento mais próximo. Tripathi e Verma (1995) relataram que o peso de 1000 sementes foi estatisticamente igual ao método de fronteira a 45 cm e ao método regular a 60 cm, mas a sementeira regular a 45 cm deu um peso de 1000 sementes significativamente mais elevado do que a sementeira regular a 60 cm de distância. Dalai *et al.* (1996) referiram que o espaçamento entre linhas de 25, 35 e 45 cm produziu um rendimento de sementes de 0,61, 0,66 e 0,52 t/ha, respetivamente.

Ishwar *et al.* (1 996) relataram que o espaçamento não influenciou significativamente o rendimento. Enquanto Sarmah (1996) descobriu que semear a cultura a 30 cm de distância oferecia um rendimento substancialmente maior do que o espaçamento de 40 cm.

Sharma *et al.* (1997) relataram que a produção de sementes não foi afetada pelo espaçamento. Mas Gurjar e Chauhan (1997) relataram que a produção de sementes foi maior no espaçamento de 30 cm. Considerando que Sachan *et al.* (1997) relataram que o crescimento da planta e o rendimento foram maiores sob o espaçamento de 60 cm entre linhas. Patel e Patel (1999) relataram que dois espaçamentos (30 e 45 cm) não mostraram influência significativa nos atributos de rendimento e na produção de sementes de mostarda. Mas Sharma *et al.* (1999) referiram que o espaçamento entre linhas não influenciou significativamente a produção de sementes e de palha. Mishra e Kurchania (1999) referiram que a geometria da plantação não afectou o rendimento das sementes e a absorção de nutrientes. Buttar e Aulakh (1999) referiram que um espaçamento largo de 30 cm entre plantas produziu mais ramos secundários, vagens por planta e rendimento de sementes por planta. No entanto, foi obtido um rendimento mais elevado com um espaçamento de 15 cm. Observações semelhantes foram feitas por Giri e Gangasaran (1985) e Bhan *et al.*(1995).

Thakur (1999) relatou que o espaçamento não teve efeito significativo no número de sementes por síliqua, no peso de 1000 sementes e na produção de sementes. No entanto, o número de ramos primários e secundários por planta e de síliquas por planta foi superior no espaçamento de 30 cm em comparação com o espaçamento de 20 cm. Sahoo *et al.* (2000) relataram que a produção de sementes foi maior com um espaçamento mais próximo de 30 cm x 15 cm (669,52 kg/ha).

2.1.3 Efeito do espaçamento na qualidade

Pricha e Mashnicka (1964) afirmaram que o teor de óleo da mostarda não foi significativamente afetado pela variação do espaçamento entre linhas. Tripathi (1969) referiu que um espaçamento entre linhas mais largo, de 50 cm, apresentava um maior teor de óleo nas sementes de mostarda. Tripathi e Singh (1977) observaram que o espaçamento não influenciava o teor de óleo da rai. Patil *et al.* (1978) concluíram que o rendimento da mostarda diminuiu significativamente com o aumento do espaçamento entre linhas de 30 para 45 cm, mas o teor de óleo permaneceu estático entre os espaçamentos entre linhas de 30 e 45 cm. Bhan *et al.* (1980) referiram que o espaçamento entre linhas de 30, 45 e 60 cm não teve qualquer efeito no teor de óleo da colza e da mostarda. Tripathi e Pandey (1980) referiram que o teor de óleo da mostarda não foi afetado pelo método de sementeira. Vir e Verma (1981) referiram que o espaçamento entre linhas de 30 cm, 40 cm e 60 cm não teve qualquer efeito no teor de óleo da mostarda. Singh e Verma (1984) relataram em Kanpur que o espaçamento entre plantas não teve efeito significativo no teor de óleo da mostarda. Sharma (1991) relatou que o teor de óleo da mostarda não foi afetado pelo espaçamento entre linhas. Mas, em contraste, Singh e Singh (1991) observaram que o espaçamento entre linhas mais próximo de 30 cm apresentou um teor de óleo significativamente mais elevado (38,6%) do que o espaçamento de 45 cm (38,08%) e 60 cm (37,10%). Sahoo *et al.* (2000) observaram o maior teor de óleo e proteína para RH30 com espaçamento mais próximo.

2.1.4 Efeito do espaçamento no teor e na absorção

Sharma (1999) referiu que o espaçamento não afectava significativamente a absorção de N. Sahoo (2000) observou que um espaçamento mais próximo de 30 cm x 15 cm registou um elevado teor e absorção de nutrientes.

2.1.5 Efeito do espaçamento na economia

Sarmah (1996) observou que a cultura semeada com um espaçamento de 30 cm oferecia um rendimento líquido substancialmente superior ao do espaçamento de 40 cm. Patel e Patel (1999) registaram uma realização líquida mais elevada de Rs 4153/ha com um espaçamento entre fileiras de 30 cm.

2.2 EFEITO DAS VARIEDADES

2.2.1 Efeito das variedades no crescimento

Shukla e Kumar (1994) relataram que Kranti, Vardan, Varuna e Krishna acumularam mais matéria seca no caule do que Rohini, Pusa Bold e Varuna aos 65 e 90 dias após a semeadura (DAS). Arthamwar *et al.* (1995) relataram que a área foliar era maior nas cultivares melhoradas do que na cultivar local. A cultivar Pusa bold deu a maior produção de matéria seca e rendimento de sementes. Khichar *et al.* (2000) referiram que o índice de área foliar (LAI) e a matéria seca mais elevados foram registados na RH 30.

2.2.2 Efeito das variedades no rendimento e nos atributos do rendimento

Tomar e Namdeo (1989) relataram que a cultivar DIARA-337 deu o maior rendimento seguido por Pusa Bold em comparação com a cv padrão. Varuna.

Bhardwaj (1990) descobriu que a mostarda cv. Varuna, Pusa Bold e Kranti cultivadas com 0-90 kg N/ha deram um rendimento de sementes de 1,87, 1,60 e 1,47 t/ha, respetivamente.

Khan *et al.* (1990) relataram que as cultivares Varuna deram o maior rendimento de
391.3 kg/ha e teor de óleo de 37,43% em comparação com 280,2-336,3 kg e 33,5237,42%, respetivamente para as outras 5 cultivares. Shukla e Kumar (1994) relataram que o rendimento de sementes de Brassica juncea não foi significativamente diferente entre cultivares em 1987/88, mas em 1988/89 foi de 1,21-1,29 t/ha em Krishna, Varuna, Vardan e Kranti, 1,011 em Pusa Bold e 0,971 em Rohini. Pradhan *et al.* (1994) observaram diferenças de rendimento com as cultivares B9, B85 e R351.

Tomar *et al.* (1 996) relataram que a cultivar Varuna deu o maior rendimento médio de sementes de 2,86 t/ha na taxa mais alta de NPK, seguida pela cv. Pusa Bola 2.27 t/ha com esta taxa de NPK. Kakati e Kalita (1996) relataram que a cultivar de Brassica juncea Varuna, TM2, TM3 e Varuna foi a cultivar de maior rendimento. Shahidullah *et al.* (1996) relataram que a produção de sementes aumentou até 100 kg N/ha e foi maior na cv. Sonali. Singh *et al.* (1996) relataram que o rendimento de sementes da cultivar Kranti, CS-52, PR 8903 e RW 85/59 não foi significativamente diferente entre as cultivares. Sharma *et al.* (1997) observaram que o rendimento da colheita não foi significativamente diferente entre as cultivares. Gurjar e Chauhan (1997) constataram que o rendimento de sementes não diferia entre as cultivares.

Singh *et al.* (1998) relataram que os rendimentos de sementes e os valores dos componentes de rendimento foram mais altos em PR 45, e aumentaram com o aumento da taxa de N.

Singh e Singh (1998) referiram que os atributos de rendimento como ramos por planta, síliquas por planta, comprimento da síliqua, grão por síliqua e peso de 1000 grãos mostraram a expressão máxima na PR 45. A variedade PR 45 foi mais produtiva do que as variedades Kranti, Varuna e Krishna. Thakur (1999) relatou que RCC 4 e Varuna eram estatisticamente semelhantes em termos de atributos de rendimento como número de ramos primários e secundários, número de síliquas/planta, sementes/síliqua e peso de 1000 sementes. Sahoo *et al.* (2000) referiram que as cultivares de mostarda indiana Chikkaballapur local deram um rendimento de sementes significativamente mais elevado do que a cultivar RH30. Patidar *et al.* (2000) referiram que as variedades Pusa Bold e T59 estavam ao mesmo nível mas eram significativamente superiores à variedade local. Punia *et al.* (2001) observaram diferenças significativas no rendimento de sementes da cultivar Indian mustard.

2.2.3 Efeito das variedades na qualidade

Shukla e Kumar (1994) referiram que o teor de óleo diminuía até 120 kg N/ha. Ele registou o maior teor de óleo em Vardan (40,2-40,3%) e o menor em Rohini (38,6-38,8%). Sharma *et al.* (1997) relataram que RH30, RH819 e TCH2 deram o rendimento de óleo de 690, 613 e 545 kg/ha respetivamente. Em termos de qualidade do óleo, RH30 e RH819 apresentaram valores relativamente mais elevados para o teor de ácidos gordos livres e índice de iodo. Singh *et al.* (1998) referiram que o rendimento em óleo e os valores dos componentes do rendimento eram mais elevados na PR45 e aumentavam com o aumento da taxa de N. Singh e Singh (1998) registaram o teor máximo de óleo na var. PR45 e o teor de N na var. Kranti.

2.3 EFEITO DOS NÍVEIS DE AZOTO

O azoto é o principal constituinte do protoplasma no corpo da planta. A aplicação de azoto favorece a síntese de protoplasma no corpo da planta, que é responsável pela divisão celular. À medida que aumenta a divisão celular na planta, o corpo da planta também aumenta de tamanho, ou seja, os hábitos de ramificação da cultura, o aumento do número de ramos por planta, o número e o tamanho das folhas, o vigor das plantas, a acumulação de matéria seca por planta, bem como o aumento dos caracteres que contribuem para o rendimento. No caso da mostarda, vários cientistas eminentes relataram o efeito benéfico do azoto nos caracteres das plantas, tais como Sharma e Kumar (1988), Tirpathi e Maurya (1992), Chauhan *et al.* (1993), Shukla e Kumar (1994), Singh *et al.* (1994), Arora *et al.* (1994), Gawai *et al.* (1994), Tripathi e Verma (1995), Sharma *et al.* (1995), Dalai *et al.* (1996), Ishwar *et al.* (1996), Patel (1998), Sharma *et al.* (1999), Sahoo *et al.* (2000), Bhari *et al.* (2000), Anil *et al.* (2001), Garg *et al.* (2001).

2.3.1 Efeito do azoto no crescimento

Sharma e Kumar (1988) referiram que a produção de matéria seca aumentou em ambos os anos com níveis crescentes de azoto até 120 kg N/ha, enquanto Mohan e Sharma (1992) afirmaram que a aplicação de 75 kg N/ha aumenta significativamente a produção de matéria seca.

Tripathi e Maurya (1992) relataram que o peso fresco e seco por planta aumentava numericamente com os níveis crescentes de azoto, mas a diferença não podia atingir o nível de significância de 120 kg N/ha, enquanto Chauhan *et al.* (1993) observaram que o peso seco por planta aumentava com a aplicação de 60 kg N/ha. Shukla e Kumar (1994) referiram que a aplicação de azoto até 120 kg N/ha tem um efeito significativo na acumulação de matéria seca em diferentes partes da planta. No entanto, Tripathi e Verma (1995) relataram um aumento significativo nos caracteres de crescimento da mostarda com fertilização de azoto até 180 kg N/ha. Sharma *et al.* (1995) relataram que a aplicação de N não teve efeito significativo no número de dias para o início da floração, início da síliqua e maturidade fisiológica. Kaneria e Patel (1995) relataram que os atributos de crescimento como a altura da planta e o número de ramos primários e secundários/planta na colheita foram maiores com 90 kg N/ha. Sharma *et al.* (1999) relataram que os atributos de crescimento da mostarda foram favoravelmente influenciados por uma dose mais elevada de N. Da mesma forma, a aplicação de nitrogénio à taxa de 160 kg/ha trouxe uma melhoria significativa em todos os caracteres de crescimento (Singh, 1999).

Butter e Aulakh (1999) relataram que o nitrogênio não teve efeito significativo na altura da planta e no número de ramos secundários por planta. Mas em contraste, Sahoo *et al.* (2000) relataram que um alto nível de N (75 kg N/ha.) favoreceu melhores características de crescimento e melhorou a acumulação de matéria seca. Enquanto Bhari *et al.* (2000) relataram que a aplicação de N até 120 kg/ha. resultou em aumento significativo na altura da planta, ramos primários e secundários e síliquas por planta.

Garg *et al.* (2001) verificaram que as observações periódicas de diversos parâmetros de crescimento, bem como da matéria seca final, revelaram que o aumento dos níveis de N aumentava progressivamente o desempenho da cultura. O nível crescente de N aumentou progressivamente as actividades das enzimas de assimilação do amoníaco, nomeadamente a redutase do nitrato, a sintetase da glutamina, etc. Assim, o fertilizante N teve um efeito favorável no crescimento, rendimento e metabolismo da planta.

2.3.2 Efeito do azoto no rendimento e nos atributos do rendimento

Singh e Dixit (1989) referiram que o rendimento da mostarda era significativamente mais elevado com a aplicação de doses mais elevadas de N até 75 kg N/ha. Singh e Singh (1991) e Mohanand Sharma (1992) referiram que a produção de sementes de mostarda aumentava com o aumento dos níveis de N. Vasvelia *et al.* (1991) referiram que a aplicação de 75 e 100 kg N/ha proporcionou uma produção de sementes significativamente mais elevada de *Brassica juncea* em comparação com 50 kg N/ha. Por outro lado, Gawai *et al.* (1994) referiram que a produção de sementes aumentava com a taxa de N, atingindo um patamar a 75 kg/ha. Krishna e Reddy (1994) referiram que a produção de sementes aumentava com a taxa de aplicação de N e o número de regas. Singh *et al.* (1994) referiram que o rendimento da mostarda semeada tardiamente aumentou até 120 kg N/ha. Kaneria e Patel (1995) observaram que o aumento de N de 60 para 90 kg/ha melhorou os componentes de rendimento como o número de síliquas/planta, o peso das sementes/planta, o rendimento das sementes e do caule e o índice de colheita da cultura da mostarda. Sharma *et al.* (1995) relataram que a produção de sementes aumentou com a aplicação de N até 60 kg/ha. Tomar *et al.* (1995) referiram que a produção de sementes, palha e proteínas aumentava com o aumento da taxa de N.

Arthamwar *et al.* (1996) referiram que o rendimento de sementes era mais elevado com 100 kg N/ha (1,20 t/ha). Bhagwan Singh e Vinod Kumar (1996) referiram que o rendimento de sementes e de palha aumentava com níveis crescentes de N até 60 kg/ha. Dalai *et al.* (1996) relataram que a aplicação de 75 kg N/ha deu o maior rendimento de sementes de 0,87 t/ha. Da mesma forma, Ishwar *et al.* (1996) relataram que a taxa mais alta de N deu o maior rendimento de sementes de 1,22 t/ha.

Pramanik *et al.* (1996) referiram que o rendimento das sementes aumentava com o aumento da taxa de N e da irrigação com um rácio IW:CPE de até 0,6. Kakati e Kalita (1996) observaram que os componentes do rendimento, como ramos/planta, síliquas/planta, sementes e palha, aumentavam com o aumento da aplicação de fertilizante N. No entanto, o peso de 1000 sementes e as sementes/siliqua permaneceram inalterados devido à aplicação de fertilizantes. Singh *et al.* (1996) observaram que a produção média de sementes de mostarda era de 1300, 1518 e 1651 kg/ha com 60, 90 e 120 kg de N/ha, respetivamente. Thakuria e Gogoi (1996) referiram que o rendimento das sementes e as componentes do rendimento aumentavam significativamente com o aumento da aplicação de fertilizantes N até 80 kg/ha. Sharma *et al.* (1997a) referiram que o rendimento das sementes de mostarda aumentou até 60 kg N/ha. Sharma *et al.* (1997b) referiram que o rendimento das culturas era mais elevado com a aplicação de N e aumentava com o aumento das taxas de N. Sachan *et al.* (1997) observaram que o rendimento das sementes aumentou em 0,147, 0,258 e 0,355 t/ha, respetivamente, com a aplicação de 20, 40 e 60 kg N/ha em comparação com o controlo.

Buttar e Aulakh (1999) referiram que o número de vagens por planta aumentava com o aumento da taxa de azoto. A produção de sementes também foi maior com uma dose mais elevada de azoto. Deekshitulu *et al.* (1998) e Singh *et al.* (1998) referiram que a produção de sementes aumentava com o aumento das taxas de azoto. Patel (1998) relatou que a altura da planta, o número de ramos primários e síliquas/planta, sementes/síliquas e peso do teste aumentaram com o aumento dos níveis de azoto. Sharma *et al.* (1999) referiram que a produção de sementes aumentou significativamente até 60 kg N/ha. Singh (1999) referiu que o número médio de ramos e de vagens por planta, o peso das vagens e das sementes por planta, o peso de 1000 sementes e o rendimento das sementes de mostarda indiana aumentavam com taxas crescentes de azoto. Já Thakur (1999) referiu que os atributos de rendimento como o número de ramos/planta, síliquas/planta, sementes por síliqua e peso de 1000 sementes, bem como o rendimento das sementes, aumentavam significativamente com taxas crescentes de azoto até 60 kg/ha.

Kachroo e Kumar (1999) observaram que a aplicação de 120 kg N/ha influenciou significativamente o número de ramos primários e secundários por planta e o peso das sementes por planta. Mishra e Kurchania (1999) verificaram que a aplicação de 120 kg N/ha aumentou significativamente o rendimento das sementes e a absorção de NPK. Bhari *et al.* (2000) relataram que tanto 90 como 120 kg N/ha foram iguais para sementes por síliqua e peso de 1000 sementes e o rendimento de sementes aumentou até à aplicação de 120 kg N/ha, mas Sahoo *et al.* (2000) observaram o maior rendimento de sementes (685,33 kg/ha) a um nível elevado de N (75 kg N/ha). Kumar *et al.* (2001) relataram que o número de síliquas/planta e o número de síliquas no rebento principal foram máximos a 120 kg N/ha, mas o número de ramos secundários e o peso de 1000 sementes aumentaram significativamente apenas até 90 kg N/ha. Meena *et al.* (2001) observaram que a produção de sementes e de palha aumentava com o aumento da taxa de N até 60 kg N/ha.

2.3.3 Efeito do azoto na qualidade

Tripathi e Siddiqui (1979) afirmaram que o teor de óleo diminuía linearmente com o aumento da fertilização azotada até 200 kg N/ha. No entanto, Tripathi e Pandey (1980) relataram que o teor de óleo da mostarda aumentou com a aplicação de N até 200 kg/ha. Singh e Rathi (1985) observaram uma relação negativa entre o teor de óleo da mostarda e o azoto. O teor de óleo diminuiu de 40,99 por cento no controlo para 37,05 por cento na dose máxima de azoto até 160 kg/ha.

Mohan e Sharma (1992) referiram que o teor de óleo diminuía com o aumento dos níveis de azoto, mas o rendimento em óleo aumentava até 75 kg N/ha. Tripathi e Maurya (1992) referiram que o teor de óleo da mostarda diminuiu significativamente com o aumento da fertilização azotada em 1,48, 1,22 e 2,95 por cento com a aplicação de azoto de 30 a 60, 60 a 90 e 90 a 120 kg N/ha, respetivamente.

Uma correlação negativa entre o teor de óleo e os níveis de azoto foi relatada por Chauhan *et al.* (1993) e a percentagem de óleo diminuiu de 42,2% para 41,8% com a aplicação de 90 kg N/ha em relação ao controlo. Arora *et al.* (1994) relataram que o teor de óleo das sementes foi aumentado pela aplicação de N. Gawai *et al.* (1994) relataram que o rendimento de óleo aumentou com as taxas de N. Singh *et al.* (1994) observaram que o teor de óleo da mostarda diminuía significativamente com um aumento da fertilização azotada até 120 kg N/ha, enquanto o rendimento de óleo aumentava até à aplicação de 80 kg N/ha.

Tomar *et al.* (1995) referiram que o rendimento e o teor de óleo diminuíam com o aumento da taxa de N. Trivedi *et al.* (1995) referiram que o teor de óleo das sementes diminuía com o aumento da taxa de N. Pramanik *et al.* (1996) referiram que o teor de óleo das sementes diminuía com o aumento da taxa de N. Dalai *et al.* (1996) observaram que o teor de proteína das sementes aumentou e o teor de óleo das sementes diminuiu com o aumento dos níveis de N. Da mesma forma, Ishwar *et al.* (1996) relataram que o teor de óleo das sementes diminuiu com o aumento da taxa de N.

Sharma *et al.* (1997) observaram que a aplicação de N diminuía o teor de óleo das sementes, mas aumentava as proteínas das sementes e melhorava o teor de ácidos gordos livres e o índice de iodo. Deekshitulu *et al.* (1998) referiram que o teor de óleo e o rendimento em óleo eram mais elevados com 100 kg N/ha. Por outro lado, Dileep et *al.* (1999) referiram que a concentração de óleo das sementes diminuía com o aumento das taxas de N, mas a concentração de proteínas aumentava com o N. Sahoo *et al.* (2000) observaram que o aumento da taxa de N (25-75 kg/ha) diminuía o teor de óleo, mas aumentava o rendimento de óleo, enquanto o teor de proteínas e o rendimento de proteínas aumentavam significativamente com um N mais elevado. Kumar *et al.* (2001) observaram que o teor de óleo diminuía significativamente com um aumento das taxas de N até 120 kg/ha, mas o rendimento de óleo respondia significativamente até 90 kg N/ha.

2.3.4 Efeito do azoto no teor e na absorção

Tomar *et al.* (1995) e Trivedi *et al.* (1995) referiram que o teor e a absorção de N na planta e na semente aumentavam com o aumento das taxas de N. Kakati e Kalita (1996) referiram que a absorção de N e a concentração de N na semente e no caule aumentavam com o aumento da aplicação de fertilizante N.

Pramanik *et al.* (1996) referiram que a absorção de N aumentava com o aumento das taxas de N e seguia o padrão de rendimento das culturas. Arthamwar *et al.* (1996) referiram que a absorção de N aumentava com o aumento das taxas de N. Sharma *et al.* (1997) referiram que a absorção de N era mais elevada com o N aplicado e aumentava com o aumento das taxas de N.

Singh *et al.* (1998) referiram que a absorção de N, P e K nas sementes e no caule aumentou significativamente com o aumento das taxas de N, desde a ausência de azoto até 80 kg N/ha. Singh *et al.* (1999) referiram que o teor e a absorção de N da mostarda indiana aumentavam com o aumento das taxas de azoto. Sahoo *et al.* (2000) observaram que tanto o teor como a absorção de nutrientes eram elevados a um nível elevado de azoto (75 kg N/ha). Do mesmo modo, Meena *et al.* (2001) referiram que foi observado um aumento progressivo da absorção de N pela cultura com o aumento da taxa de N até 90 kg N/ha. O maior teor de N na semente foi observado a 90 kg N/ha. Ahmad *et al.* (2001) referiram que a aplicação de N aumentou a acumulação de azoto em ambos os genótipos em todas as fases de crescimento, em comparação com a ausência de azoto.

2.3.5 Efeito do azoto na economia

Tripathi e Pandey (1980) referiram que o lucro líquido aumentou linearmente até à aplicação de 150 kg N/ha. Singh e Rathi (1985) observaram uma melhoria do rendimento e do lucro líquido por hectare com a aplicação de 160 kg N/ha em relação ao controlo.

Ghatak *et al.* (1992) relataram que a resposta do azoto (cada kg) e o retorno por rupia investida no fertilizante azotado foram os mais elevados com 80 kg N/ha, seguidos de 160 kg N/ha. Tripathi e Maurya (1992) relataram que o lucro líquido por hectare aumentou significativamente em Rs 6820,00, 4700,00 e 1880,00 com a aplicação de 120 kg N/ha em relação a 30, 60 e 90 kg N/ha, respetivamente. Enquanto Tripathi e Verma (1995) relataram que o lucro líquido por hectare aumentou significativamente com o aumento da fertilização azotada em 4926,67, 2346,33 e 1462,17 Rs do controlo para 60, 60 para 120 e 120 para 180 kg N/ha.

Sharma *et al.* (1995) obtiveram os maiores rendimentos líquidos da mostarda com uma aplicação de 60 kg N/ha. Thakuria e Gagoi (1996) referiram que a dose económica média de N para TM_2 , TM_4 e Varuna foi de 79,17, 90,93 e 76,08 kg N/ha, respetivamente. Sharma *et al.* (1999) obtiveram a maior relação benefício:custo com 60 kg N/ha. Enquanto Singh (1999) relatou que o maior retorno líquido e relação benefício:custo foram registados com a aplicação de 160 kg N/ha. No entanto, Bhari *et al.* (2000) obtiveram o maior retorno líquido (Rs 8588/ha) e relação benefício:custo (1,87) com 120 kg N/ha.

2.4 ESTUDOS DE INTERACÇÃO

2.4.1 Efeito de N e S no crescimento, rendimento e atributos de rendimento

Rathi e Tripathi (1973) relataram em Kanpur que o maior lucro líquido por hectare foi obtido semeando a variedade de mostarda RT-11 a 40 cm de distância com a aplicação de 100 kg N/ha. Singh *et at.* (1985) observaram que o desempenho de duas variedades de mostarda (Prakash e RH-30) em 4 espaçamentos inter e intra-linhas (30x10, 30x20, 60x10 e 60x20 cm) e 4 níveis de azoto (0, 40, 80 e 120 kg/ha) foi estudado durante a estação rabi de 1980-81 e 1981-82. A produção máxima de sementes foi obtida em 30x20 e 60x10 cm com 120 kg N/ha durante ambos os anos. Singh e Singh (1991) concluíram que a sementeira de mostarda em 30 de setembro, com 45 cm de espaçamento entre linhas e 80 kg de N/ha, proporcionou um maior rendimento de sementes e de óleo na região ocidental de U.P.

Tripathi e Maurya (1992) referiram que o rendimento da mostarda aumentou significativamente em cada espaçamento entre linhas com a aplicação de 120 kg N/ha. A sementeira de mostarda a 30 cm de distância entre linhas com a aplicação de 30 kg N/ha deu um rendimento de sementes por hectare significativamente mais elevado do que a sementeira de mostarda a 60 cm de distância com o mesmo nível de aplicação de azoto. Enquanto as aplicações de 60 kg N/ha e a sementeira de mostarda a 30 e 60 cm de espaçamento entre linhas deram um rendimento de sementes estatisticamente igual, mas com a aplicação de 90 e 120 kg N/ha a sementeira de mostarda a 60 cm de distância deu um rendimento de sementes significativamente mais elevado do que a sementeira de mostarda a 30 cm de distância. Chauhan *et al.* (1993) referiram que o rendimento do grão e do caule aumentou significativamente com o aumento do nível de azoto até 60 kg N/ha com um espaçamento de 30 cm entre linhas. Thakur (1999) observou que os atributos de rendimento, bem como o rendimento de sementes, aumentaram significativamente com o aumento da taxa de azoto até 60 kg/ha com um espaçamento de 30 cm, enquanto que com um espaçamento de 20 cm o rendimento aumentou com 75 kg N/ha.

Capítulo 3

MATERIAIS E MÉTODOS

A experiência de campo intitulada "**Resposta das variedades de mostarda *(Brassica jucnea* L. Czern e Coss) ao espaçamento e aos níveis de azoto"** foi realizada durante a estação rabi de 2002-2003. Neste capítulo, são apresentados os diferentes materiais experimentais utilizados e a metodologia seguida durante as investigações.

3.1 MATERIAIS

3.1.1 Sítio experimental

Foi efectuada uma experiência de campo na quinta de investigação do Kisan (PG) College, Simbhaoli, Ghaziabad, UP, durante a estação rabi de 2002-03.

Geograficamente, Simbhaoli está situada a 28°46'N de latitude e 77°59'E de longitude, a uma altitude de cerca de 226,9 m acima do nível médio do mar.

3.2 Clima e condições meteorológicas

O clima do sítio experimental é semiárido e subtropical, com condições meteorológicas extremas. No verão, maio e junho são os meses mais quentes e secos, com uma temperatura máxima média que varia entre 40 e 45 °C, enquanto no inverno, janeiro é o mês mais frio do ano, com a temperatura mínima média a aumentar a partir de fevereiro e até junho. A temperatura desce gradualmente de julho a setembro, durante a estação das chuvas, e desce bruscamente, atingindo o valor mínimo em janeiro. A monção de sudoeste começa normalmente na primeira semana de julho e prolonga-se até outubro nesta zona. A precipitação média anual é de cerca de 650 mm e a evaporação média anual de 850 mm. Os meses de julho e agosto são os mais húmidos do ano, recebendo % da precipitação anual. Os dados agrometeorológicos registados na estação de colheita da presente experiência na fábrica de açúcar Simbhaoli são apresentados como temperatura média semanal, humidade e precipitação no Apêndice 3 e representados graficamente na Fig. 1.

3.3 Solo

Uma amostra composta de 0-30 cm de profundidade do campo experimental foi recolhida e analisada para determinar as propriedades físico-químicas do solo. Os resultados são apresentados no Quadro 1. O solo era franco-arenoso em textura, neutro em reação e baixo em matéria orgânica e azoto disponível, mas médio em P2O5 e K2O disponíveis.

P_2O_5 e K_2O. Foi efectuada uma análise estratificada do solo e foram medidos os condicionalismos físicos, que são apresentados.

Tabela 1. Resultados da análise mecânica do solo do campo experimental

Características	Valor obtido por cento	Método utilizado
A. Propriedades físicas		
Areia grossa	0.6	Método internacional de pipetas
Encontrar areia	68.0	
Silêncio	15.1	
Argila	14.3	
Textura		
B. Análise química		
Carbono orgânico	0,28% (baixo)	Método Walkley e Black
Azoto disponível	178 kg ha^{-1} (Baixo)	Método alcalino
Fósforo disponível	22,4 kg ha^{-1} (Médio)	Método de Olsen
Potássio disponível	135 kg ha^{-1} (Médio)	Método do acetato de amónio

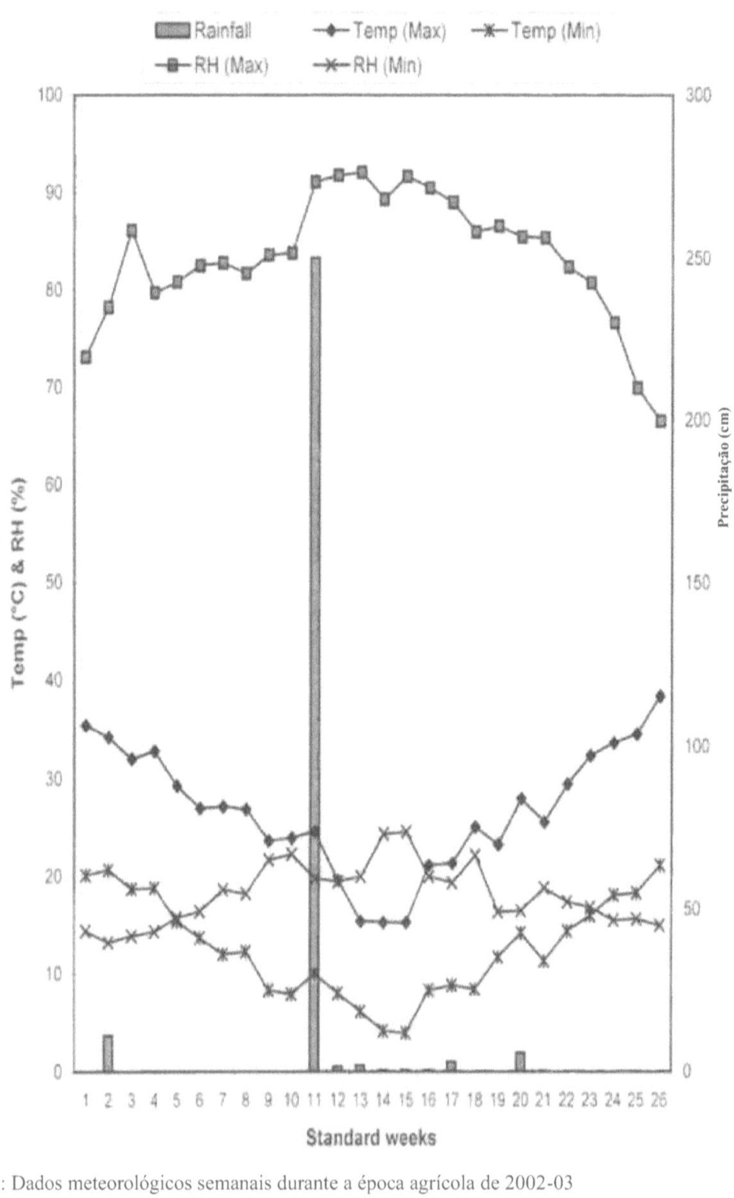

Fig. 1 : Dados meteorológicos semanais durante a época agrícola de 2002-03

3.4 Historial das culturas no campo experimental

Foram recolhidas informações sobre o historial das culturas do campo experimental, que são apresentadas em seguida:

Quadro 2. Historial das culturas no campo experimental

Ano	*Quaresma*	Ravi
1998-1999	Arroz	Trigo
1999-2000	Arroz	Mostarda
2000-2001	Arroz	Trigo
2001-2002	Arroz	Trigo
2002-2003	Arroz	Experiência

3.5. Pormenores da experiência

3.5.1 Layout e design

A experiência foi efectuada num esquema de parcelas divididas (SPD) com três repetições. Havia dois tratamentos na parcela principal e seis tratamentos na subparcela. O esquema é apresentado na Fig. 2

3.5.2 Tratamentos

A. Espaçamento (parcelas principais)

(a) 30 cm (51)

(b) 40cm (52)

B. Variedades e azoto (subparcelas)

(a) 4001 (VI)

(b) Pusa bold (V)2

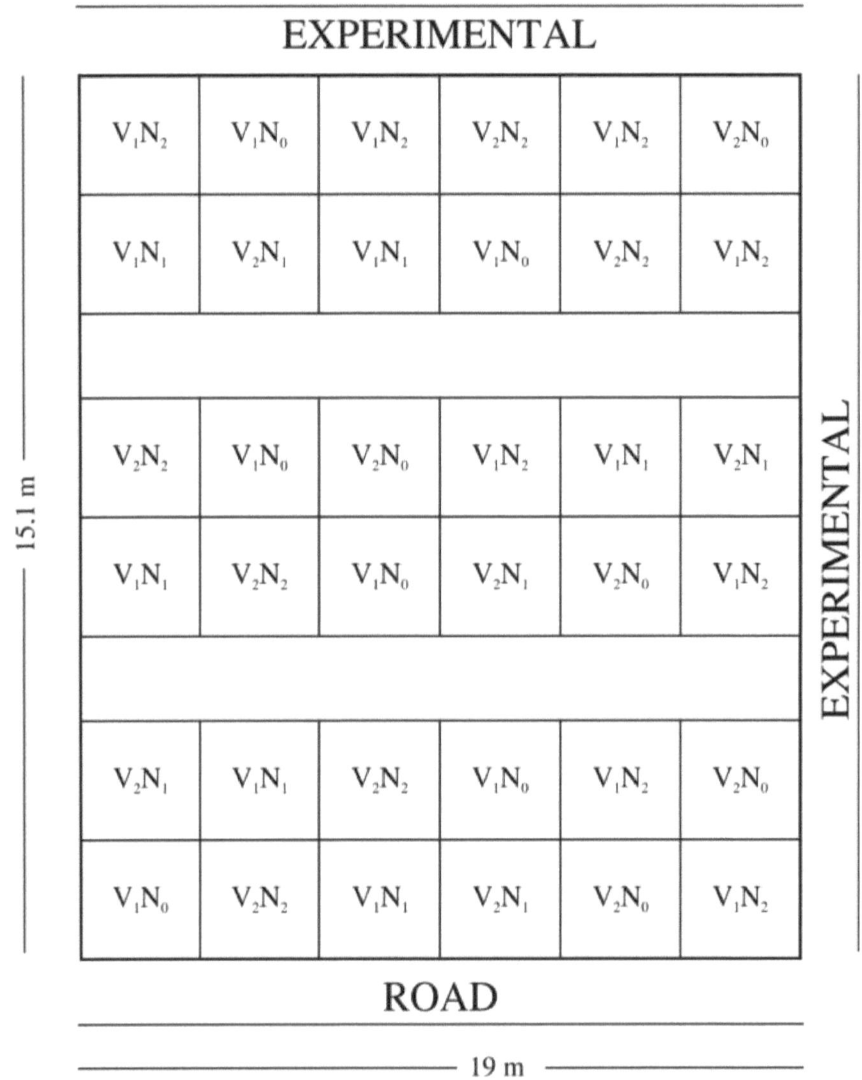

Fig 2 : Plano de implantação do campo experimental

Tratamento Espaçamento	**Variedades**	**Espaçamento**
S,=30cm	V,=4001	N"=Sem azoto N,=40kg/ha
S,=40cm	V_2 =Pusa Bold	N =80kg/ha_2

C. Azoto (subparcelas)

Controlo	$(N)_0$
40 kg N/ha	(N_1)
80 kg N/ha	$(N)_2$

3.5.3 Combinações de tratamento

S1V1N0	SiV_2 Não
S1V1N1	SiV_2 Ni
$SiViN_2$ S1V2N2	
S2V1N0	S2V2N0
S2V1N1	S2V2N1
S2V1N2	S2V2N2

3.5.4 Pormenores da disposição

Desenho	:	SplitPlotdesign
Réplicas	:	3
N.º de tratamentos	:	2 x 2 x 3 = 12
N.º total de parcelas	:	12 x 3 = 36
Terreno bruto	:	2,6 x 2,3 m^2
Parcela líquida	:	2. ixi.2 m^2

3.6Detalhcs das operações no terreno

3.6.1 Caracteres varietais:

4001 (v_1) : Esta variedade foi criada na Proagro, Hyderabad. Esta variedade tem uma altura média. Amadurece em 130-140 dias nas condições de Delhi. O peso de 1000 sementes varia de 5-7 g. É adequada tanto para condições de sequeiro como de regadio e responde bem à aplicação de fertilizantes.

Pusa bold (V_2) : A variedade de mostarda Pusa bold foi utilizada no inquérito. Esta variedade foi criada no Indian Agricultural Research Institute, Nova Deli, a partir de um cruzamento entre uma variedade de mostarda precoce "Varuna" e uma variedade de mostarda de maturação tardia "BIC-1780". Esta variedade tem uma altura média e um tipo de planta ereto com ramificação semi-compacta. A maturação efectua-se em 135-145 dias nas condições de Deli. As suas sementes são redondas e arrojadas, de cor castanha escura. O peso de 1000 sementes varia entre 5-7 g. É adequada tanto para condições de sequeiro como de regadio e responde bem à aplicação de fertilizantes. Tem um potencial de rendimento superior a 25 q/ha com um teor de óleo de 42-44 por cento.

As operações de campo importantes durante o período de cultivo são enumeradas no quadro 3.

Quadro 3. Balanço das operações de campo durante a época rabi de 2002-03

Funcionamento	Data
1. Lavoura	27.09.2002
2. Nivelamento	02.10.2002
3. Disposição do campo	03.10.2002
4. Semeadura	04.10.2002
5. Aplicação de fertilizantes	
I	04.10.2002
II	14.11.2002
6. Acções interculturais	
Desbaste final e monda	25.10.2002
Segundo desbaste	20.11.2002
7. Irrigação	20.11.2002
Primeira irrigação	12.11.2002
Segunda irrigação	04.12.2002
8. Colheita	26.02.2003
9. Debulha	15.03.2003

3.6.2 Preparação do terreno

O campo experimental foi lavrado duas vezes com um arado de discos de trator, seguido de uma debulha transversal e de um nivelamento antes da disposição final da experiência, tendo sido feito o aplainamento para obter uma boa cama de sementes.

3.6.3 Sementes e sementeiras

A sementeira foi efectuada atrás da charrua desi. O espaçamento entre linhas foi mantido de acordo com os tratamentos, mantendo constante a taxa de sementes por linha.

3.6.4 Aplicação de fertilizantes

O azoto foi testado no âmbito da experiência e foi aplicado de acordo com o tratamento. Metade da dose de azoto foi aplicada no momento da sementeira e a outra metade após a primeira irrigação da cultura.

A dose recomendada de fósforo à razão de 40 kg/ha foi uniformemente aplicada à cultura no momento da sementeira.

3.6.5 Operações interculturais

3.6.5.1 Primeiro desbaste

O primeiro desbaste foi efectuado aos 15 dias após a sementeira, para remover as plantas extra das linhas laterais às linhas. A monda foi efectuada em simultâneo.

3.6.5.2 Segundo desbaste

O segundo desbaste foi efectuado aos 25 dias após a sementeira para manter a distância entre plantas de 15 cm.

3.6.6 Irrigação

A irrigação foi dada à planta para manter um balanço hídrico favorável na zona radicular para um crescimento e desenvolvimento adequados. A cultura experimental foi irrigada duas vezes na fase vegetativa e na fase de desenvolvimento da síliqua.

3.6.7 Colheita e debulha

Quando a cultura atingiu a maturidade total, após a remoção das linhas fronteiriças, a parcela de rede foi colhida com a ajuda de uma foice.

Depois da colheita, as plantas foram deixadas a secar e, em seguida, as sementes foram separadas com uma vara de madeira. As sementes foram limpas com a ajuda de uma sopa.

3.7 Operações registadas

3.7.1 Observações antes da colheita

3.7.1.1 Altura da planta

Foram seleccionadas aleatoriamente e marcadas três plantas de cada parcela. A altura (cm) foi medida do nível do solo até a ponta da planta aos 40, 80 DAS e na colheita.

3.7.1.2 Acumulação de matéria seca

Três plantas seleccionadas aleatoriamente de cada parcela foram colocadas para secagem ao sol, seguida de secagem em estufa até peso constante a 62 °C, sendo depois registado o peso seco. O peso seco médio calculado foi expresso em g/planta aos 40, 60 e 120 DAS.

3.7.2 Observações pós-colheita

3.7.2.1 N.º de ramos primários e secundários

Três plantas seleccionadas aleatoriamente de cada parcela foram utilizadas para a contagem dos ramos primários e secundários. Foi calculado o número médio de ramos primários e secundários por planta.

3.7.2.2 N.º de síliquas por planta

O total de síliquas presentes nos ramos primário, secundário e terciário foi contado para três plantas e a média foi calculada.

3.7.2.3 Comprimento da siliqua

Cinco síliquas escolhidas ao acaso foram medidas com a ajuda de uma escala e a média foi obtida dividindo-a por 5. Foi expressa em cm.

3.7.2.4 Número de sementes/siliqua

Cinco síliquas seleccionadas ao acaso foram divididas por cinco para calcular o número médio de sementes por síliqua.

3.7.2.5 Peso de ensaio

1000 sementes de cada parcela foram contadas e pesadas com a ajuda de uma balança física. O peso foi expresso em g.

3.7.2.6 Rendimento de grãos

As plantas colhidas da parcela líquida foram secas até ao peso constante, debulhadas e limpas. O peso dos grãos foi registado separadamente para cada parcela e expresso em quintais por hectare.

3.7.2.7 Rendimento do caule

Os caules de mostarda colhidos nas parcelas líquidas foram secos ao sol e o peso total por parcela foi registado e expresso em quintais por hectare.

3.7.2.8 Índice de colheita

O índice de colheita, que é a razão entre o rendimento económico e o rendimento biológico, foi calculado utilizando a fórmula abaixo (Donald e Hamblin, 1976) e expresso em percentagem para determinar a eficiência dos tratamentos na utilização dos fotossintatos para a produção de grão.

$$HI = \frac{\text{Rendimento económico (q/ha)}}{\text{Rendimento biológico (q/ha)}} \times 100$$

3.8 Análise química de amostras de plantas

As amostras de plantas recolhidas para registo da matéria seca na colheita foram utilizadas para estudos de absorção de nutrientes.

3.8.1 Nitrogénio

O teor de azoto (%) no grão e na amostra de palha de mostarda foi estimado pelo método Kjeldahl (Jackson, 1958). A absorção total foi calculada multiplicando o teor de azoto pelo rendimento correspondente produzido.

$$\text{Absorção de azoto (kg N/ha)} = \frac{\text{Rendimento (kg/ha) x Teor de azoto (\%)}}{100}$$

3.9 Qualidade

3.9.1 Teor de óleo e rendimento

O teor de óleo das sementes de mostarda foi estimado pela técnica de ressonância nuclear magnética disponível no IARI, Nova Deli.

O rendimento em óleo foi calculado multiplicando o teor em óleo/e o rendimento em sementes (q/ha).

$$\text{Rendimento em óleo (q/ha)} = \frac{\text{Teor de óleo (\%) x Rendimento das sementes (q/ha)}}{}$$

3.9.2 Teor proteico e rendimento

O teor de azoto (%) estimado pelo método Kjeldahl foi multiplicado por 6,25 para obter o teor de proteínas no grão.

O rendimento proteico foi calculado multiplicando o teor proteico (%) e o rendimento de sementes (q/ha).

Teor de proteínas = Teor de azoto (%) x 6,25

Rendimento proteico (q/ha) = Teor proteico (%) x Rendimento de sementes (kg/ha)

3.10 Economia

3.10.1 Rendimento bruto

O rendimento bruto de cada tratamento foi calculado através da venda dos produtos ao preço de mercado atual, para efeitos de comparação.

3.10.2 Rendimento líquido

O rendimento líquido de cada tratamento foi calculado subtraindo o custo de cultivo ao rendimento bruto.

3.10.3 Rácio benefício/custo

Foi calculado o rendimento por rupia investida. Este foi calculado dividindo o rendimento líquido pelo custo de cultivo.

3.11 Análise estatística

Os dados obtidos na presente experiência foram analisados estatisticamente segundo o método padrão (Panse e Sukhatme, 1978) com a ajuda de um computador. O erro padrão das médias (SEm ±) foi dado em todos os casos, mas sempre que o rácio F se revelou significativo a um nível de significância de 5%, os valores correspondentes da diferença crítica (CD) foram calculados e apresentados no quadro.

Capítulo 4

RESULTADOS

Os resultados da experiência intitulada **"Resposta das variedades de mostarda *(Brassica juncea* L. Czern e Coss) ao espaçamento e aos níveis de azoto"** foram apresentados neste capítulo através de quadros e ilustrações gráficas.

4.1. Caracteres de crescimento

4.1.1. Altura da planta

Os dados relativos à altura da planta da mostarda em diferentes fases do seu crescimento são apresentados no quadro 4.

4.1.1.1. Efeito do espaçamento

O espaçamento influenciou significativamente a altura da planta da mostarda aos 40 e 120 DAS do crescimento da cultura. O espaçamento mais largo (40 cm de distância) registou plantas significativamente mais altas do que o espaçamento mais próximo de 30 cm aos 40 e 120 dias após a sementeira. No entanto, aos 80 dias após a sementeira, o espaçamento de 30 cm entre linhas produziu plantas estatisticamente mais altas do que o espaçamento mais largo de 40 cm.

4.1.1.2. Efeito das variedades

Ambas as variedades testadas produziram plantas de altura semelhante aos 40 e 80 dias após a sementeira. Mas aos 120 dias após a sementeira, a variedade 4001 (V_1) produziu plantas significativamente mais altas do que a Pusa Bold.

4.1.1.3. Efeito do azoto

A aplicação de azoto provocou alterações significativas na altura das plantas de mostarda em diferentes fases de crescimento. A altura das plantas aumentou progressivamente com o aumento das doses de azoto até 80 kg N/ha em todas as fases de observação.

Tabela 4. Altura da planta (cm) das variedades de mostarda afetada pelo espaçamento e níveis de azoto em diferentes fases de crescimento da cultura

Tratamentos	Altura da planta (cm)		
	Dias após a sementeira (DAS)		
	40	80	120

Espaçamento (cm)				
30	(Si)	26.52	165.96	190.61
40	(S)2	27.94	164.54	194.98
SEm ±		**0.14**	**1.03**	**0.24**
CD 5%		**0.85**	**NS**	**1.48**
Variedades				
4001	(Vi)	27.05	164.28	193.77
Pusa Bold	(V)2	27.40	166.22	191.81
SEm ±		**0.19**	**1.11**	**0.46**
CD 5%		**NS**	**NS**	**1.35**
Azoto (kg/ha)				
Sem azoto	(Não)	25.92	153.86	187.72
40	(N1)	27.30	167.47	193.08
80	(N2)	28.47	174.42	197.58
SEm ±		**0.24**	**1.37**	**0.56**
CD 5%		**0.70**	**4.03**	**1.66**

4.1.2. Acumulação de matéria seca

Os dados relativos à acumulação de matéria seca são apresentados no Quadro 5 e representados na Fig. 3.

4.1.2.1. Efeito do espaçamento

Os resultados do quadro 5 mostram que o espaçamento não teve influência na acumulação de matéria seca da mostarda em qualquer fase de crescimento da planta. No entanto, o espaçamento de 40 cm entre linhas registou uma acumulação de matéria seca por planta numericamente mais elevada do que o espaçamento mais próximo de 30 cm.

4.1.2.2. Efeito da variedade

A variedade 4001 registou uma acumulação de matéria seca significativamente mais elevada por planta aos 40 e 120 dias após a sementeira. Mas aos 80 dias após a sementeira, a variedade Pusa bold acumulou mais matéria seca do que a variedade 4001. Aos 120 dias após a sementeira, a variedade 4001 registou significativamente mais 14,43 gm (31,26%) de acumulação de matéria seca do que a

Pusa bold.

4.1.2.3. Efeito do azoto

Os resultados no Quadro 5 indicam que a aplicação de azoto trouxe uma melhoria significativa na acumulação de matéria seca por planta em diferentes fases de crescimento da planta até 80 kg N/ha. A aplicação de 80 kg N/ha registou 56,7%, 23,86% aos 40 dias após a sementeira, 58,45%, 26,84% aos 80 dias após a sementeira e 11,20%, 28,56% mais acumulação de matéria seca em comparação com a testemunha não fertilizada e 40 kg N/ha, respetivamente. Além disso, pode notar-se que o aumento percentual na acumulação de matéria seca de sem azoto para 40 kg N/ha e de 40 para 80 kg N/ha foi quase semelhante, mas aos 120 DAS a dose mais elevada de azoto registou uma redução na acumulação de matéria seca por cento por planta do que a dose inferior anterior.

Tabela 5. Acumulação de matéria seca das variedades de mostarda afetada pelo espaçamento e pelo azoto em diferentes fases de crescimento das plantas

Tratamentos		Acumulação de matéria seca		
		Dias após a sementeira (DAS)		
		40	80	120
Espaçamento (cm)				
30	(si)	2.36	12.06	50.04
40	(S)2	2.54	13.17	56.69
SEm ±		**0.17**	**0.54**	**1.44**
CD 5%		**NS**	**NS**	**NS**
Variedades				
4001	(vi)	2.64	12.15	60.58
Pusa Bold	(V)2	2.27	13.08	46.15
SEm ±		**0.11**	**0.34**	**2.31**
CD 5%		**0.32**	**NS**	**6.80**
Azoto (kg/ha)				
Sem azoto	(Não)	1.92	9.87	39.59
40	(NI)	2.43	12.33	52.72

80	$(N)_2$	3.01	15.64	67.78
SEm ±		**0.13**	**0.42**	**2.82**
5CD5%		**0.39**	**1.23**	**8.33**

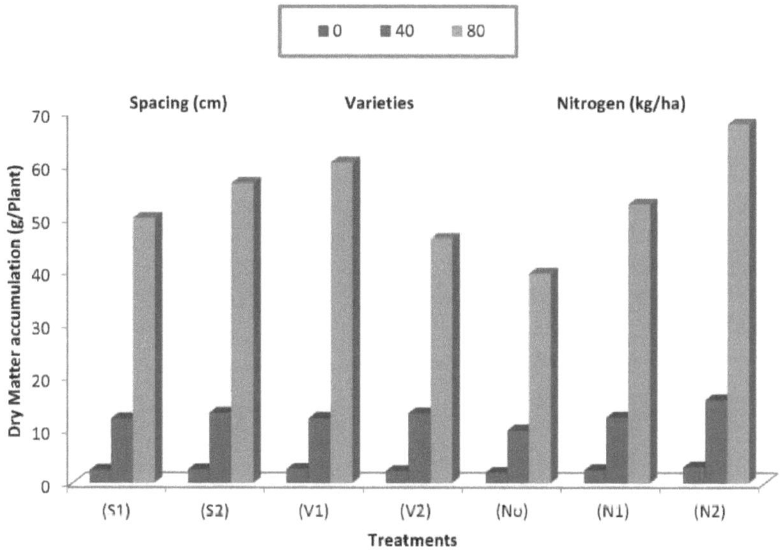

Fig.3 : Acumulação de matéria seca (g/planta) de variedades de mostarda afetada pelo espaçamento e pelo azoto em diferentes fases de crescimento da planta

S1 = espaçamento 30 (cm); S2 = espaçamento 40 (cm); V1 =4001; V2 = Pusa Bold; N0 = sem azoto; N1 = 40; N2 = 80

Os dados relativos à interação de primeira ordem e de segunda ordem são apresentados no quadro 6.

4.1.2.4.1. Efeito de interação S x V (espaçamento x variedade)

A variedade 4001 (V_1) semeada a 30 cm de distância registou uma acumulação de matéria seca significativamente mais elevada do que a 40 cm de distância. Em contraste, o espaçamento não teve efeito significativo na variedade Pusa bold (V_2) em termos de acumulação de matéria seca por planta.

4.1.2.4.2. Efeito de interação S x N (espaçamento x azoto)

Os resultados disponíveis no Quadro 6 indicam que a maior acumulação de matéria seca por planta foi registada no tratamento $S N_{22}$ (40 cm de distância e 80 kg N/ha) e a menor no tratamento $S N_{2o}$ (40 cm de distância e sem azoto). Cada aumento na dose de azoto com um espaçamento maior de 40 cm registou uma acumulação de matéria seca significativamente maior. No entanto, o espaçamento mais próximo de 30 cm registou uma acumulação de matéria seca significativamente mais elevada apenas até 40 kg N/ha e um aumento adicional de azoto não aumentou a acumulação de matéria seca por planta. Pode ser salientado que a sementeira de mostarda a 30 cm de distância sem azoto registou uma acumulação de matéria seca por planta que foi estatisticamente igual à da cultura semeada a 40 cm de distância e fertilizada com 40 kg N/ha.

4.1.2.4.3. Efeito de interação V x N (Variedade x azoto)

É óbvio a partir dos dados que a variedade 4001 (V_1) registou uma acumulação de matéria seca significativamente mais elevada com cada dose progressiva de azoto. A maior acumulação de matéria seca foi registada no tratamento V N_{12} . A variedade V_2 registou uma acumulação de matéria seca significativamente mais elevada apenas até 40 kg N/ha. Um aumento adicional de azoto não influenciou a acumulação de matéria seca da mostarda. Assim, pode notar-se aqui que a resposta do azoto foi menor em Pusa Bold do que na variedade 4001 em termos de acumulação de matéria seca.

Tabela 6a. Efeito da interação S x V, N x V e S x V x N no peso seco da mostarda aos 120 DAS

Tratamentos	S1	Espaçamento S2	Variedades (V x N)
V1No	50.21	38.04	44.12
V1N1	71.50	45.48	56.49
V1N2	72.96	85.27	79.11
Subtotal	**64.89**	**56.26**	**60.58**
V2N0	42.62	27.49	35.05
V2N1	45.32	48.57	46.95
V2N2	53.61	59.29	56.45
Subtotal	**47.18**	**45.12**	**46.15**

	S x V	V x N	V x S x N
SEm ±	**3.26**	**3.99**	**5.65**
CD 5%	**9.62**	**11.78**	**16.66**

Tabela 6b. Efeito da interação espaçamento x azoto na acumulação de matéria seca pela mostarda

Espaçamento	Nitrogénio		
	Não	N1	N2
S1	184.77	191.33	195.72
S2	190.66	194.83	199.44
SEm ±		**0.79**	
CD 5%		**2.34**	

Os resultados (Tabela 6) mostraram que a maior acumulação de matéria seca foi obtida com o tratamento S_2 V_1N_2 e a menor foi com S V_{22} N_0 . Pode ser notado que a variedade 4001 (V_1) registou a maior acumulação de matéria seca com 80 kg N/ha e semeada a 40 cm de distância foi estatisticamente igual quando a cultura foi semeada a 30 cm de espaçamento entre linhas fertilizada com 40 kg N/ha. Pode ser notado aqui que a variedade V_1 com um espaçamento mais próximo (30 cm) não mostrou mudanças significativas na acumulação de matéria seca com uma dose mais alta de nitrogénio, mas com um espaçamento mais largo uma dose mais alta de nitrogénio trouxe uma melhoria significativa na acumulação de matéria seca por planta do que a sua dose anterior mais baixa.

Qualquer dose de nitrogénio não mostrou mudanças significativas na acumulação de matéria seca quando a variedade V_2 (Pusa Bold) foi semeada a 30 cm de distância entre linhas. Mas, com um espaçamento maior de 40 cm, a aplicação de 40 kg N/ha mostrou um aumento significativo na acumulação de matéria seca em comparação com a ausência de fertilizante.

4.2. Atributos de rendimento

4.2.1. Número de ramos primários

Os dados relativos aos ramos primários por planta são apresentados no quadro 7.

4.2.1.1. Efeito do espaçamento

O espaçamento mais próximo de 30 cm registou um número significativamente maior de ramos primários do que o espaçamento mais largo de 40 cm. A redução do número de ramos primários devido ao aumento do espaçamento entre linhas foi de 5,42%.

4.2.1.2. Efeito da variedade

A variedade 4001 produziu numericamente mais ramos primários/planta do que a variedade Pusa bold. No entanto, a diferença não foi significativa.

4.2.1.3. Efeito do azoto

A aplicação de azoto aumentou significativamente o número de ramos primários por planta até 80 kg N/ha. A aplicação de 80 kg N/ha registou significativamente mais 18% e 7% de número de ramos primários/planta do que a ausência de azoto e 40 kg N/ha, respetivamente.

Tabela 7. N.º de ramos primários e secundários das variedades de mostarda afectados pelo espaçamento e pelo azoto

Tratamentos		N.º de ramos primários/ fábrica	N.º de ramos secundários/ fábrica
Espaçamento (cm)			
30	(S_1)	10.31	25.33
40	(S_2)	9.78	26.75
SEm ±		**0.09**	**0.14**
CD 5%		**0.52**	**0.83**
Variedades			
4001	(V_1)	10.14	26.39
Pusa Bold	(V_2)	9.94	25.69
SEm ±		**0.14**	**0.45**
CD 5%		**NS**	**NS**
Azoto (kg/ha)			
Sem azoto	(N_0)	9.17	21.58
40	(N_1)	10.13	27.46
80	(N_2)	10.83	29.08

SEm ±	**0.17**	**0.55**
CD 5%	**0.50**	**1.61**

Os dados estão disponíveis na Tabela 8. O maior número de ramos primários foi registado com $SIVIN_2$ e o menor com S_2 VIN_0 e S V N_{220}. A variedade 4001 (V_1) semeada a 30 cm de distância e fertilizada com 40 kg N/ha produziu estatisticamente o mesmo número de ramos primários que a variedade V_1 e V_2. Semeada a 40 cm de distância e fertilizada com 80 kg N/ha. A variedade Pusa bold (V_2) produziu um número significativamente maior de ramos primários quando foi cultivada a um espaçamento mais próximo e sem azoto. O aumento do espaçamento e da dose de azoto foi significativo até 40 kg N/ha em termos de número de ramos primários por planta.

4.2.2. Número de ramos secundários

Os dados relativos ao número de ramos secundários por planta são apresentados no quadro 7.

4.2.2.1. Efeito do espaçamento

O aumento do espaçamento entre linhas influenciou significativamente o comportamento de ramificação da planta, com um número de ramos secundários por planta 1,42 (5,6%) superior ao do espaçamento mais próximo de 30 cm.

4.2.2.2. Efeito da variedade

A variedade 4001 produziu numericamente mais ramos secundários do que a variedade Pusa bold. No entanto, a diferença não foi significativa.

4.2.2.3. Efeito do azoto

O número de ramos secundários por planta aumentou significativamente com a dose progressiva de azoto. A aplicação de 80 kg N/ha produziu 34,48% e 6% mais número de ramos secundários do que o controlo não fertilizado e 40 kg N/ha, respetivamente.

4.2.3. Número de síliquas

Os dados relativos aos atributos de rendimento, como o número de síliquas por planta, o comprimento da síliqua, as sementes por síliqua e o peso do teste, são apresentados no Quadro 9 e representados na Fig. 4.

Quadro 8. Efeito da interação entre o espaçamento e o azoto nos ramos primários/planta das variedades de mostarda

Tratamentos	Espaçamento	
	Si	S2
	Ramos primários	
Nitrogénio e variedades		

V1Não	10.00	8.50
V1N1	10.50	9.67
V1N2	11.17	11.00
V2N0	9.67	8.50
V2N1	10.17	10.17
V2N2	10.33	10.83
SEm ±	**0.34**	
CD 5%	**1.00**	

Tabela 9. Efeito do espaçamento e da fertilização azotada no número de síliquas/planta, no comprimento das síliquas, nos grãos/síliquas e no peso de ensaio das variedades de mostarda

Tratamentos		N.º de síliquas/planta	Compriment o da síliqua (cm)	Sementes / siliqua	Peso de ensaio (g)
Espaçamento (cm)					
30	(S1)	478.77	5.06	19.29	5.38
40	(S)2	480.23	5.00	19.61	5.55
SEm ±		**20.30**	**0.04**	**0.24**	**0.16**
CD 5%		**NS**	**NS**	**NS**	**NS**
Variedades					
4001	(Vi)	530.02	5.03	19.40	5.69
Pusa Bold	(V)2	428.98	5.03	19.50	5.24
SEm ±		**11.88**	**0.10**	**0.21**	**0.10**
CD 5%		**35.05**	**NS**	**NS**	**0.30**
Azoto (kg/ha)					
Sem azoto (N)0		366.47	4.83	18.61	5.23
40	(Ni)	485.19	4.98	19.66	5.42

80	(N2)	586.84	5.29	20.08	5.75
SEm ±		**14.55**	**0.13**	**0.26**	**0.12**
CD 5%		**42.93**	**0.37**	**0.76**	**0.37**

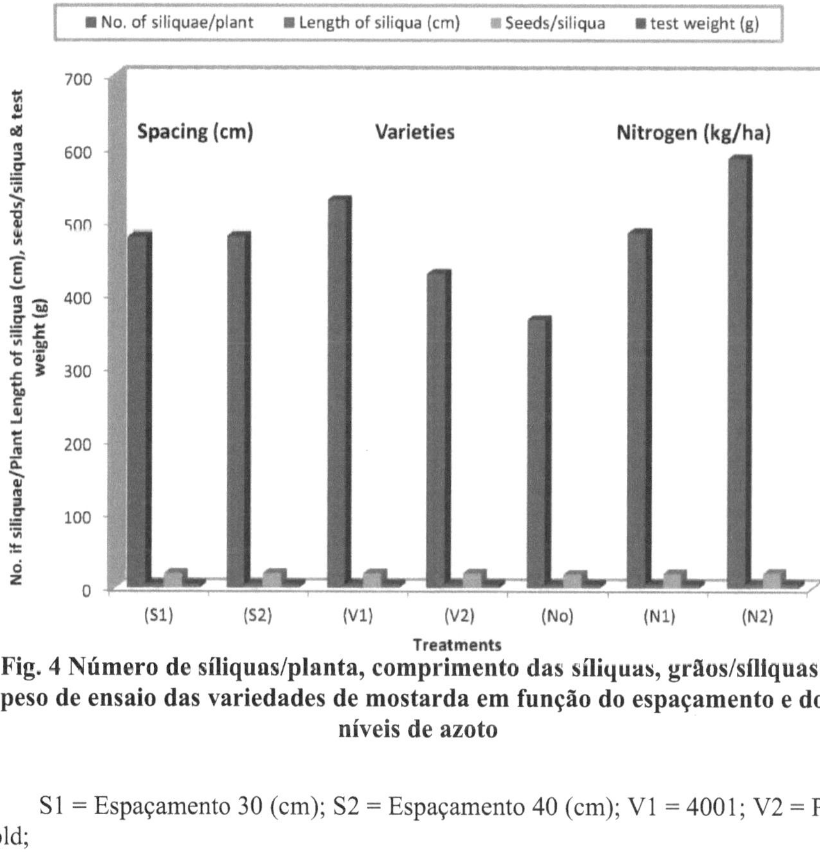

Fig. 4 Número de síliquas/planta, comprimento das síliquas, grãos/síliquas e peso de ensaio das variedades de mostarda em função do espaçamento e dos níveis de azoto

S1 = Espaçamento 30 (cm); S2 = Espaçamento 40 (cm); V1 = 4001; V2 = Pusa Bold;

N0 = Sem azoto; N1 = 40; N2 = 80

4.2.3.1. Efeito do espaçamento

Os dados disponíveis na Tabela 9 mostram que um espaçamento maior entre linhas não trouxe mudanças significativas no número de síliquas/planta. No entanto, o espaçamento mais largo produziu um número numericamente maior de síliquas/planta.

4.2.3.2. Efeito da variedade

Os resultados indicam que a variedade 4001 registou um número significativamente mais elevado de síliquas por planta do que a Pusa bold. Foi 101,04 (23,55%) mais do que o obtido com Pusa bold.

4.2.3.3. Efeito do azoto

A aplicação de nitrogênio trouxe um aumento significativo no número de síliquas por planta. O maior número de síliquas por planta obtido com 80 kg N/ha foi 220,37 (60,13%) e 101,65 (21%) superior ao controlo sem fertilização e 40 kg N/ha, respetivamente.

4.2.3.4. Efeito de interação

Os dados relativos à interação de primeira ordem e de segunda ordem são apresentados no Quadro 10.

4.2.3.4.1. Espaçamento x Azoto

O maior número de síliquas/planta foi registado quando a cultura foi semeada a 40 cm de distância e fertilizada com 80 kg N/ha. O menor foi com 40 cm e sem fertilizante. O efeito da interação S x N foi significativo apenas até 40 kg N/ha.

4.2.3.4.2. Variedade x Azoto

A variedade 4001 (V_1) em combinação com o azoto influenciou significativamente o número de síliquas/planta. A variedade 4001 respondeu mais à aplicação de azoto do que a Pusa bold em termos de número de síliquas/planta. A variedade V_1 produziu 84,82 (19,19%) e 156,68 (30,81%) mais síliquas/planta do que a Pusa Bold ao mesmo nível de N @ 40 e 80 kg N/ha, respetivamente.

**Quadro 10. Efeito da interação entre espaçamento, variedades e azoto na
número de síliquas por planta de mostarda**

Tratamentos	Espaçamento		Variedades
	S1	S2	
Espaçamento (cm)			
V1Não	434.22	360.33	397.28
V1N1	457.24	597.95	527.60
V1N2	705.03	625.33	665.18
Subtotal	**532.16**	**527.87**	**530.02**
V1N0	365.55	305.77	335.66
V2N1	445.66	439.89	442.78
V2N2	464.89	552.11	508.50
Subtotal	**425.37**	**432.59**	**428.98**
	SxV	**VxN**	**VxSxN**
SEm ±	**16.80**	**20.58**	**29.10**

CD 5%	49.57	60.71	85.86

Espaçamento X Azoto

	Nitrogénio		
Espaçamento	N0	N1	N2
S1	399.89	451.45	584.96
S2	333.05	518.92	588.72
SEm ±		**20.58**	
CD 5%		**60.71**	

4.2.3.4.3. S x V x N

É óbvio no quadro 10 que a combinação de tratamentos SiViN2 provou ser superior aos restantes tratamentos em termos de número de síliquas/planta. O menor número de síliquas/planta foi registado quando a variedade Pusa bold (V_2) foi semeada a 40 cm de distância sem aplicação de fertilizante.

4.2.4. Comprimento da siliqua

4.2.4.1. Efeito do espaçamento

Os dados disponíveis no quadro 9 mostram que o espaçamento mais próximo de 30 cm entre linhas produziu síliquas mais compridas do que o espaçamento mais largo de 40 cm. No entanto, a diferença não foi significativa.

4.2.4.2. Efeito da variedade

As duas variedades testadas produziram síliquas do mesmo comprimento.

4.2.4.3. Efeito do azoto

Os resultados mostraram que a aplicação de azoto aumenta progressivamente o comprimento da síliqua até à dose mais elevada. A aplicação de azoto à taxa de 80 kg N/ha aumentou significativamente o comprimento da síliqua, que foi 0,5 cm (9%) e 0,3% (6%) mais comprida do que a testemunha não fertilizada e 40 kg N/ha. Além disso, pode notar-se que a aplicação de 40 kg de N/ha no campo trouxe mudanças significativas no comprimento das síliquas em comparação com a não aplicação de azoto.

4.2.5. Sementes por síliqua

4.2.5.1. Efeito do espaçamento

Os dados apresentados no Quadro 9 e representados na Fig. 4 mostram que o aumento do espaçamento entre linhas não afectou o número de sementes por síliqua. No entanto, um maior espaçamento registou estatisticamente um maior número de sementes/siliqua.

4.2.5.2. Efeito da variedade

A leitura dos dados disponíveis no quadro 9 e na figura 4 revelou que ambas as variedades testadas produziram o mesmo número de sementes/siliqua. No entanto, é de notar que a variedade Pusa bold registou estatisticamente um maior número de sementes/silíqua.

4.2.5.3. Efeito do azoto

É óbvio a partir dos dados (Quadro 9) que cada dose sucessiva de azoto aumentou significativamente o número de sementes/siliqua. O maior número de sementes/siliqua foi registado com 80 kg N/ha. Este número foi significativamente 1,42 (8%) superior ao do controlo não fertilizado. No entanto, é de notar que o aumento da dose de azoto de 0-40 e 40-80 kg não trouxe alterações significativas no número de sementes/siliqua.

4.2.5.4. Efeito de interação em S x N

Os dados disponíveis no quadro 11 mostram que o maior número de sementes/siliqua foi registado quando a cultura foi semeada a 40 cm de distância e fertilizada com 80 kg N/ha e o menor foi registado com o mesmo espaçamento e sem fertilizante. É de notar que a cultura semeada a um espaçamento maior de 40 cm entre linhas registou um número de sementes/siliqua semelhante ao obtido com o espaçamento de 30 cm e 80 kg N/ha. Além disso, pode ser mencionado aqui que, com o mesmo nível de azoto, o espaçamento não teve efeito no número de sementes/siliqua.

4.2.6. Peso de ensaio

Os dados relativos ao peso de ensaio são apresentados no Quadro 9 e na Fig. 4.

4.2.6.1. Efeito do espaçamento

Os dados disponíveis no quadro 9 indicam que o espaçamento não teve um efeito significativo no peso de ensaio da mostarda.

4.2.6.2. Efeito da variedade

Os resultados (Quadro 9) mostram que a variedade 4001 registou um peso de teste significativamente mais elevado do que a Pusa bold. O aumento foi de 8,5% em relação à Pusa Bold.

4.2.6.3. Efeito do azoto

Os dados (Quadro 9) revelaram que a aplicação de azoto influenciou significativamente o peso do teste. A aplicação de 80 kg N/ha registou um aumento de 10% e 6% no peso de teste em comparação com 0 e 40 kg N/ha, respetivamente. É de notar que a diferença entre 0-40 e 40-80 kg N/ha não foi significativa.

Tratamentos	Não	N1	N2

S_1	18.77	19.27	19.83
S_2	18.44	20.05	20.33
SEm ±		**0.36**	
CD 5%		**1.07**	

4.3. Rendimento e índice de colheita

Os dados relativos ao rendimento das sementes e do caule e ao índice de colheita são apresentados no Quadro 12 e representados na Fig. 5.

4.3.1. Rendimento das sementes

4.3.1.1. Efeito do espaçamento

Os resultados do quadro 12 indicam que o espaçamento mais próximo de 30 cm produziu um rendimento de sementes estatisticamente igual ao espaçamento de 40 cm.

4.3.1.2. Efeito da variedade

O quadro 12 mostra claramente que a variedade 4001 produziu um rendimento de sementes significativamente mais elevado do que a Pusa bold. Esta foi 7% superior à Pusa bold.

4.3.1.3. Efeito do azoto

Os resultados (Quadro 12) mostraram que a produção de sementes de mostarda foi significativamente influenciada pela aplicação de azoto. Cada dose sucessiva de azoto provocou um aumento significativo na produção de sementes de mostarda até 80 kg N/ha. A aplicação de 80 kg N/ha produziu significativamente mais 4,62 q/ha (35%) e 1,67 q/ha (10,30%) de rendimento de sementes do que o controlo não fertilizado e 40 kg N/ha, respetivamente. Além disso, pode ser notado que o aumento percentual na produção de sementes foi maior até 40 kg N/ha e um aumento adicional no nitrogênio trouxe um aumento relativamente menor na produção de sementes.

4.3.1.4. Efeito de interação

Os dados relativos à interação de primeira e segunda ordem entre o espaçamento, a variedade e o azoto são apresentados no quadro 13.

4.3.1.4.1. S x N

Os dados do quadro 13 indicam que um espaçamento mais próximo de 30 cm produziu um rendimento de sementes significativamente mais elevado com cada incremento na dose de azoto até ao nível mais elevado de 80 kg N/ha. Mas, em contraste, o espaçamento mais largo de 40 cm entre linhas produziu um rendimento de sementes significativamente mais elevado apenas até 40 kg N/ha e um aumento adicional de azoto para 80 kg/ha permaneceu ao mesmo nível da dose inferior anterior. Isto significa que 40 kg de azoto podem ser poupados alterando o espaçamento entre linhas de 30 para 40 cm. Além disso, pode notar-se que a alteração do espaçamento entre linhas de 30 para 40 cm com o mesmo nível de azoto não trouxe qualquer alteração significativa no rendimento de sementes de mostarda.

Tabela 12. Efeito do espaçamento e da fertilização com azoto no rendimento de sementes, rendimento de palha e índice de colheita das variedades de mostarda

Tratamento		Rendimento das sementes	Rendimento do caule	Índice de colheita
Espaçamento (cm)	(51) (5)2			
30		15.94	58.79	21.44
40		15.60	63.87	19.59
SEm ±		**0.61**	**0.94**	**0.23**
CD 5%		**NS**	**NS**	**1.40**
Variedades	(Vi) (V2)			
4001		16.31	63.16	20.56
Pusa Bold		15.23	59.50	20.48
SEm ±		**0.25**	**1.02**	**0.16**
CD 5%		**0.74**	**3.00**	**NS**
Azoto (kg ;/ha)	(Não)			
Sem azoto		13.25	53.55	18.50
40	(Ni)	16.20	64.26	20.53
80	(N2)	17.87	66.18	22.51
SEm ±		**0.31**	**1.24**	**0.19**
CD 5%		**0.91**	**3.67**	**0.57**

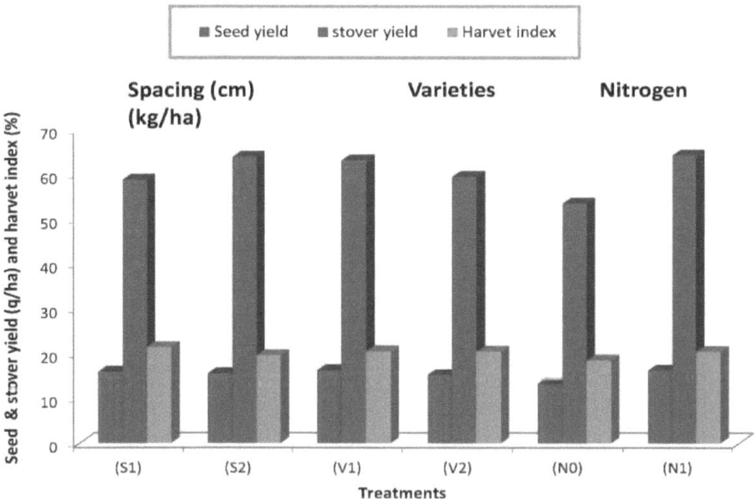

Fig. 5 Influência de diferentes espaçamentos e níveis de azoto no rendimento de sementes, rendimento de palha e índice de colheita das variedades de mostarda

S1 = Espaçamento 30 (cm); S2 = Espaçamento 40 (cm); V1 = 4001; V2 = Pusa Bold; N0 = Sem azoto; N1 = 40

Quadro 13. Efeito da interação entre o espaçamento e o azoto na produção de sementes da variedade de mostarda

Tratamentos	Espaçamento		Variedades (V x N)
	S1	S2	
V1Não	15.11	15.36	15.23
V1N1	16.84	15.52	16.18
V1N2	18.41	16.61	17.51
Subtotal	**16.79**	**15.83**	**16.31**
V2N0	12.33	10.19	11.26
V2N1	14.58	17.85	16.21

V2N2	18.36	18.09	18.23
Subtotal	**15.09**	**15.38**	**15.23**
	SxV	**VxN**	**VxSxN**
SEm +	**0.35**	**0.43**	**0.61**
CD 5%	**1.05**	**1.28**	**1.81**

Espaçamento x Azoto

	Não	N1	N2+
S1	13.72	15.71	18.39
S2	12.78	16.68	17.35
S.Em +		**0.43**	
CD 5%		**1.28**	

4.3.1.4.2. V x N

O maior rendimento de sementes foi registado com Pusa bold fornecido com 80 kg N/ha e o menor com a mesma variedade sem fertilização. Além disso, pode notar-se que a variedade 4001 com azoto produziu um rendimento estatisticamente semelhante ao obtido com 40 kg N/ha. Mas o aumento do azoto de 40 para 80 kg/ha aumentou significativamente o rendimento (17,51 q/ha). Isto revelou que o mesmo rendimento obtido com 40 kg N/ha pode ser obtido com a aplicação de azoto da variedade 4001. Mas, em contraste, a Pusa bold produziu 4,95 q/ha (44%) mais rendimento de sementes quando fertilizada com 40 kg N/ha em comparação com nenhum fertilizante. Além disso, outro aumento na dose de nitrogénio de 40 para 80 kg/ha pode aumentar o rendimento das sementes em 2,02 q/ha (12,46%). Isto significa que a variedade Pusa bold respondeu apenas até 40 kg N/ha. Enquanto a variedade V_1 (4001) respondeu até 80 kg N/ha.

4.3.1.4.3. Efeito de interação de S x V x N

A maior produção de sementes da variedade 4001 foi obtida quando foi semeada a 30 cm de distância entre linhas e fertilizada com 80 kg N/ha. Mas é de notar que a variedade 4001 semeada a 30 cm de distância e fertilizada com 40 kg N/ha produziu um rendimento semelhante ao obtido com a mesma variedade semeada a 40 cm de distância e fertilizada com 80 kg N/ha (V S N_{122}). Da mesma forma, a variedade Pusa bold produziu o maior rendimento quando foi semeada a 30 cm de distância entre linhas e fertilizada com 80 kg N/ha. Este rendimento foi semelhante ao obtido com 40 kg N/ha quando a cultura foi semeada a 40 cm de distância entre as linhas. Isto revelou que a variedade V_1 respondeu a uma dose mais elevada de azoto com um espaçamento mais próximo, mas a Pusa Bold respondeu a uma dose mais baixa de azoto com um espaçamento mais largo.

4.3.2. Rendimento do caule

4.3.2.1. Efeito do espaçamento

Os dados disponíveis no Quadro 12 e na Fig. 5 mostram que um espaçamento mais largo de 40 cm produziu um rendimento de forragem numericamente mais elevado do que um espaçamento mais próximo de 30 cm entre linhas. No entanto, a diferença não foi significativa.

4.3.2.2. Efeito da variedade

A variedade 4001 produziu um rendimento de palha significativamente mais elevado do que a variedade Pusa bold. O rendimento do caule obtido com a variedade 4001 foi significativamente superior em 3,66 q/ha (6,15%) ao obtido com a variedade Pusa bold.

4.3.2.3. Efeito do azoto

Os resultados no Quadro 12 e na Fig. 5 mostraram que a aplicação de azoto provocou um aumento significativo no rendimento de palha da mostarda apenas até 40 kg N/ha. O maior rendimento de palha obtido com 80 kg de N/ha foi significativamente 12,63 q/ha (19%), 1,92 q/ha (3%) mais do que o controlo não fertilizado e 40 kg de N/ha, respetivamente. Isto indica que o aumento de N de 40 para 80 kg/ha não conseguiu provocar alterações significativas no rendimento de palha.

4.3.3. Índice de colheita

Os dados relativos ao índice de colheita são apresentados no Quadro 12 e representados na Fig. 5.

4.3.3.1. Efeito do espaçamento

Os resultados mostraram que o espaçamento influenciou significativamente o índice de colheita. O espaçamento mais próximo de 30 cm entre linhas registou um índice de colheita significativamente mais elevado do que o espaçamento mais largo de 40 cm. Este foi 1,85% mais elevado do que o espaçamento de 40 cm,

4.3.3.2. Efeito da variedade

As duas variedades testadas mantiveram-se ao mesmo nível em termos de índice de colheita. No entanto, a variedade 4001 (V_1) registou um índice de colheita numericamente superior ao da variedade Pusa bold.

4.3.3.3. Efeito do azoto

A aplicação de nitrogénio aumentou significativamente o índice de colheita com cada dose de incremento até 80 kg N/ha. A dose mais elevada de azoto (80 kg N/ha) registou um índice de colheita significativamente mais elevado (22,51%). Isto foi 2,03 e 1,98 % mais do que o controlo não fertilizado e 40 kg N/ha, respetivamente.

4.4 Teor e absorção de N

Os dados relativos ao teor e à absorção de N são apresentados no Quadro 14 e representados na Fig. 6.

4.4.1 Conteúdo

4.4.1.1 Efeito do espaçamento

Os resultados mostraram que o espaçamento não teve efeito significativo no teor de N nem nas sementes nem no caule.

4.4.1.2 Efeito da variedade

Os dados do quadro 14 mostram claramente que a variedade Pusa Bold registou um teor de azoto significativamente mais elevado nas sementes e no caule. Esta variedade registou mais 0,05% e 0,01% de teor de azoto nas sementes e no caule, respetivamente, do que a 4001.

Quadro 14. Teor e absorção de azoto pelas variedades de mostarda em função do espaçamento e dos níveis de azoto

Tratamentos		Teor de N (%)		Absorção de N (kg/ha)		Absorção total de azoto (kg/ha)
		Semente	Stover	Semente	Stover	
Espaçamento (cm)						
30	(S_1)	2.91	0.59	46.79	35.05	81.86
40	(S_2	)2.90	0.60	45.96	39.10	85.06
SEm ±		**0.033**	**0.033**	**1.68**	**0.52**	**1.61**
CD 5%		**NS**	**NS**	**NS**	**3.16**	**NS**
Variedades						
4001	(V_1)	2,88	0.59	47.24	37.53	84.79
Pusa Bold	(V_2)	2.93	0.60	45.51	36.62	82.13
SEm + CD		**0.01**	**0.033**	**0.98**	**0.77**	**1.41**
5%		**0.04**	**NS**	**NS**	**NS**	**NS**
Azoto (kg/ha)						
Sem azoto	(N_0)	2.50	0.48	33.07	25.72	58.79

40	(N1)	3.03	0.61	49.25	39.01	88.26
80	(N2)	3.18	0.70	56.80	46.50	103.33
SEm ±		**0.02**	**0.033**	**1.19**	**0.94**	**1.72**
CD 5%		**0.05**	**0.01**	**3.52**	**2.77**	**5.08**

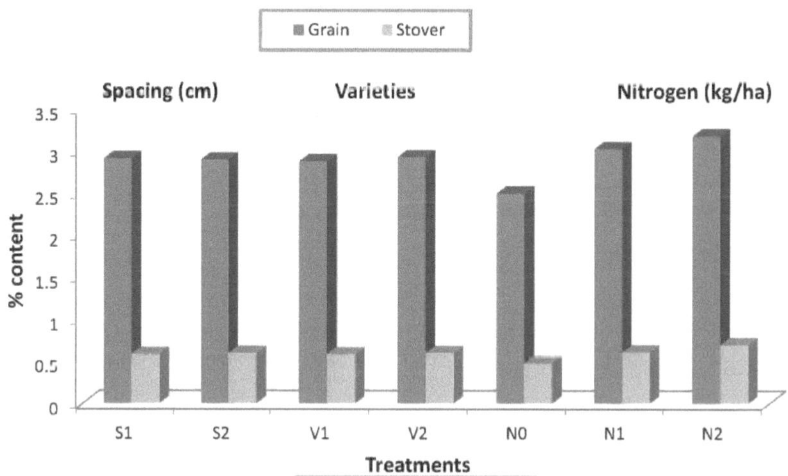

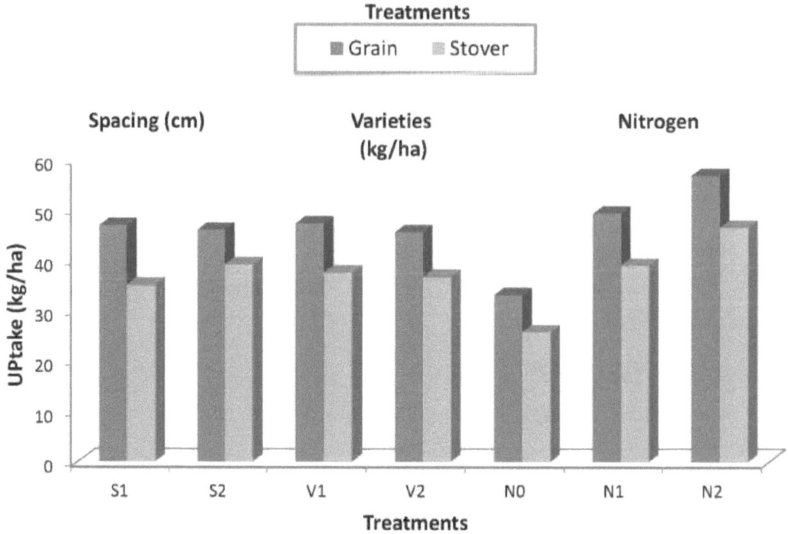

Fig. 6 Teor e absorção de N pelas variedades de mostarda em função do espaçamento e dos níveis de azoto

S1 = Espaçamento 30 (cm); S2 = Espaçamento 40 (cm); V1 = 4001; V2 = Pusa Bold;

N0 = Sem azoto; N1 = 40; N2 = 80

4.4.4.3 Efeito do azoto

Os dados do Quadro 14 e da Fig. 6 revelam que o teor de N na semente e no caule aumentou significativamente com o aumento da aplicação de azoto até 80 kg N/ha. O teor máximo de N na semente registado com 80 kg N/ha (3,18%) foi 0,15 e 0,68% mais elevado do que o registado com 40 kg N/ha e o controlo não fertilizado. Da mesma forma, o teor mais elevado de N no caule registado com 80 kg N/ha foi 0,09% e 0,22% superior ao registado com 40 kg N/ha e à testemunha não fertilizada, respetivamente.

4.4.2 Aceitação

4.4.2.1 Efeito do espaçamento

Os resultados do Quadro 14 e da Fig. 6 mostram que o espaçamento não teve um efeito significativo na absorção de N por semente, palha e absorção total. No entanto, pode notar-se que o espaçamento mais largo registou numericamente mais absorção de N do que o espaçamento mais próximo de 30 cm entre linhas.

4.4.2.2 Efeito da variedade

Os dados relativos à absorção no Quadro 14 e na Fig. 6 mostram que a variedade 4001 registou uma absorção numericamente mais elevada de N por semente, caule e absorção total do que a variedade Pusa Bold. No entanto, a diferença não foi significativa.

4.4.2.3 Efeito do azoto

Os dados do Quadro 14 e da Fig. 6 revelam que a absorção de N pela semente, pelo caule e a absorção total aumentaram significativamente com o aumento da aplicação de azoto até 80 kg N/ha. A maior absorção total de N registada com 80 kg N/ha foi de 44,54 kg (75,7%) e 15,07 kg (17%) mais do que o controlo não fertilizado e 40 kg N ha^{-1} , respetivamente.

4.5 Qualidade

4.5.1 Teor de óleo

Os dados relativos ao teor de óleo são apresentados no Quadro 15 e representados na Fig. 7.

4.5.1.1, Efeito do espaçamento

Os resultados mostraram que a variação do espaçamento não influenciou o teor de óleo da mostarda.

Tratamentos		Teor de óleo (%)	Rendimento em óleo (kg/ha)
Espaçamento			
30	(si)	41.81	665.12

40	(S_2)	41.81	650.66
SEm ±		**0.10**	**25.54**
CD 5%		**NS**	**NS**
Variedades			
4001	(V_1)	41.70	679.75
Pusa Bold	(V_2)	41.92	636.03
SEm ±		**0.13**	**11.99**
CD 5%		**NS**	**35.38**
Azoto (kg/ha)			
Sem azoto	(N_0)	42.53	562.57
40	(N_1)	41.55	672.59
80	(N_2)	41.55	738.52
SEm ±		**0.16**	**14.69**
CD 5%		**0.49**	**43.34**

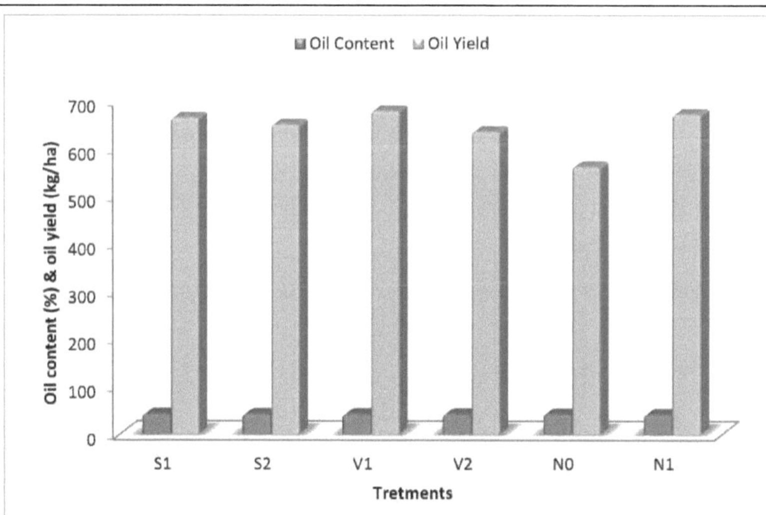

Fig.7: Teor de matéria seca e rendimento das variedades de mostarda afectados pelo espaçamento e níveis de azoto

S1 = Espaçamento 30 (cm); S2 = Espaçamento 40 (cm); V1=4001; V2= Pusa Bold;

N0 = Sem azoto; N1 = 40; N2 = 80

4.5.1.2. Efeito da variedade

Ambas as variedades testadas registaram um teor de óleo estatisticamente semelhante. No entanto, a variedade Pusa bold registou um teor de óleo numericamente mais elevado do que a variedade 4001.

4.5.1.3. Efeito do azoto

Os resultados mostraram que a aplicação de azoto provocou uma redução significativa do teor de óleo da mostarda. O teor de óleo mais elevado foi registado na testemunha não fertilizada e o mais baixo foi registado com 80 kg N/ha. No entanto, é de notar que a redução do teor de óleo da mostarda devido à aplicação de azoto de 40 kg N/ha a 80 kg N/ha não foi significativa.

4.5.1.4 Efeito de interação

4.5.1.4.1 Efeito de VxN

A interação de primeira ordem de V x N, apresentada no quadro 17, mostrou uma influência significativa no teor de óleo. A variedade 4001 registou uma redução no teor de óleo apenas até 40 kg N/ha, mas a Pusa Bold mostrou uma redução significativa no teor de óleo com cada incremento na dose de azoto até ao nível mais elevado de 80 kg N/ha.

4.5.1.4.2. Efeito de S x V x N

Os dados relativos à interação de segunda ordem entre o espaçamento, as variedades e o azoto, apresentados no Quadro 17, revelaram uma influência significativa no teor de óleo da mostarda. Ambas as variedades registaram o teor de óleo mais elevado quando foram semeadas a 40 cm de distância e não foram fertilizadas com azoto. Mas a variedade 4001, semeada a 30 cm de distância entre linhas, registou uma melhoria acentuada no teor de óleo com uma dose mais elevada de azoto.

4.5.2. Rendimento em óleo

Os dados relativos ao rendimento em óleo são apresentados no Quadro 15 e representados na Fig. 7.

4.5.2.1. Efeito do espaçamento

Os resultados mostraram que um espaçamento mais próximo de 30 cm produziu um rendimento de óleo numericamente mais elevado do que um espaçamento mais largo de 40 cm. No entanto, a diferença não foi significativa.

Quadro 17. Efeito da interação entre o espaçamento e o azoto no rendimento das sementes e no teor de óleo da mostarda

Tratamentos	Espaçamento	Variedades (V x N)

	S1	S2	
V1Não	41.60	42.80	42.20
V1N1	41.07	41.17	41.12
V1N2	42.23	41.33	41.78
Subtotal	**41.63**	**41.77**	**41.70**
V2 Não	42.63	43.10	42.87
V2 N1	42.43	41.53	41.98
V N22	40.90	40.93	40.92
Subtotal	**41.99**	**41.86**	**41.92**
	S x V	V x N	S x V x N
SEm ±	**0.19**	**0.23**	**0.33**
CD 5%	**NS**	**0.69**	**0.97**

4.5.2.2. Efeito da variedade

Os dados do quadro 15 mostram claramente que a variedade 4001 (V_1) produziu um rendimento de óleo significativamente mais elevado do que a Pusa bold. Este foi de 43,72 kg/ha ou 7,87% mais do que o obtido com Pusa Bold.

4.5.2.3. Efeito do azoto

Os resultados do quadro mostram que a aplicação de azoto aumentou significativamente o rendimento em óleo com cada aumento da sua dose até 80 kg N/ha. A dose mais elevada de azoto (80 kg N/ha) produziu o maior rendimento de óleo. Isto foi 175,95 kg/ha (31,28%) e 65,93 kg/ha (9,8%) mais do que o controlo e 40 kg N/ha, respetivamente.

4.5.3 Teor de proteínas

Os dados relativos ao teor de proteínas e ao rendimento são apresentados no Quadro 16 e representados na Fig. 8.

4.5.3.1 Efeito do espaçamento

Os resultados mostraram que o espaçamento próximo de 30 cm entre as plantas registou um teor de proteínas numericamente mais elevado do que o espaçamento mais largo de 40 cm. No entanto, a diferença não foi significativa.

4.5.3.2 Efeito da variedade

Os resultados indicam que a variedade 4001 foi considerada superior à variedade Pusa Bold em termos de teor de proteínas, mas a diferença entre elas não foi significativa.

4.5.3.3 Efeito do azoto

Os resultados no Quadro 16 e na Fig. 8 revelaram que a aplicação de azoto trouxe uma melhoria significativa no teor de proteínas apenas até 40 kg N/ha. Um aumento adicional da dose de azoto até 80 kg N/ha não teve efeito significativo no teor de proteínas da mostarda. No entanto, a dose mais elevada de azoto registou o teor de proteínas mais elevado, que foi 6,72% e 3,35% mais elevado do que o controlo não fertilizado e 40 kg N/ha, respetivamente.

4.5.4 Rendimento proteico

4.5.4.1 Efeito do espaçamento

O espaçamento mais próximo de 30 cm registou proteínas numericamente mais elevadas do que o espaçamento mais largo de 40 cm. No entanto, a diferença não foi significativa.

Tabela 16. Teor proteico e rendimento das variedades de mostarda influenciados pelo espaçamento e níveis de azoto

Tratamentos		Teor de proteínas (%)	Rendimento proteico (kg/ha)
Espaçamento (c.m)			
30	(si)	19.83	292.41
40	(S)2	18.16	287.22
SEm ±		**1.21**	**10.46**
CD 54%		**NS**	**NS**
Variedades			
4001	(vi)	19.69	321.20
Pusa Bold	(V)2	18.3o	278.40
		1.14	**6.10**
SEm ±		**NS**	
CD 5%			
Azoto (kg/ha)			

Sem azoto	(Não)	15.63	206.68
40	(Ni)	19.00	307.77
80	(N2)	22.35	355.00
SEm ±		**1.40**	**7.48**
CD 5%		**4.12**	**22.06**

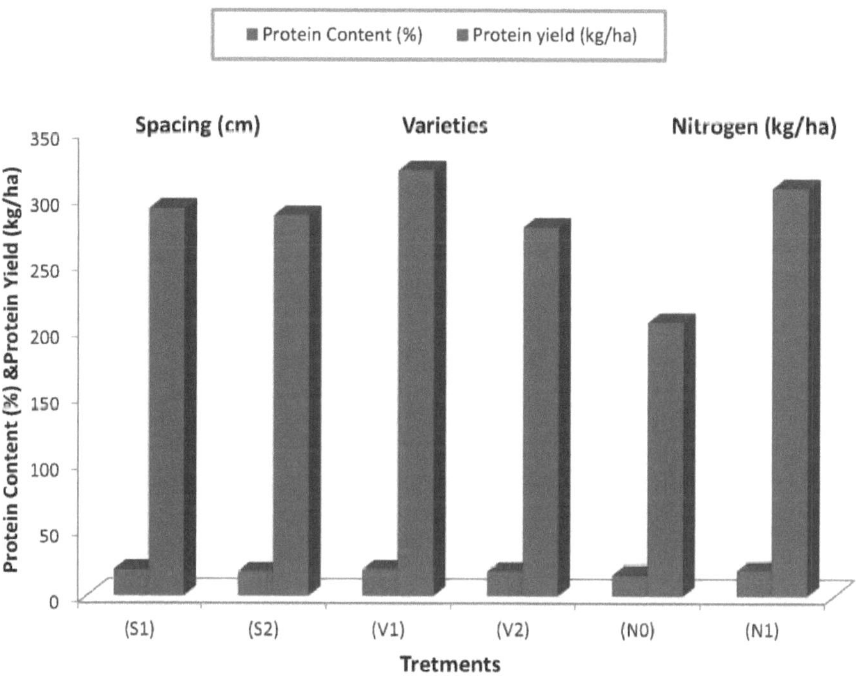

Fig.8: Teor de proteínas e rendimento das variedades de mostarda influenciados pelo espaçamento e níveis de azoto

S1 = Espaçamento 30 (cm); S2 = Espaçamento 40 (cm); V1=4001; V2= Pusa Bold;

N0 = Sem azoto; N1 = 40; N2 = 80

4.5.4.2 Efeito da variedade

A variedade 4001 produziu um rendimento proteico numericamente mais elevado do que a variedade Pusa Bold. No entanto, o resultado não foi significativo.

4.5.4.3 Efeito do azoto

A aplicação de nitrogénio trouxe uma melhoria significativa no rendimento proteico da mostarda até à dose mais elevada de aplicação de nitrogénio, ou seja, 80 kg N/ha. O rendimento proteico obtido com 80 kg N/ha (355 kg) foi de 148 kg (71,7%) e 47,23 kg (15,34%) foi superior ao controlo não fertilizado e 40 kg N/ha, respetivamente.

4.6. Economia

Os dados relativos ao rendimento bruto, ao rendimento líquido e ao rácio benefício/custo são apresentados no quadro 18.

4.6.1. Rendimento bruto

4.6.1.1. Efeito do espaçamento

Ambos os espaçamentos deram rendimentos brutos quase semelhantes.

4.6.1.2. Efeito da variedade

O rendimento líquido mais elevado foi obtido com a variedade 4001. Este foi Rs 179,75 mais do que o obtido com Pusa bold.

4.6.1.3. Efeito do azoto

A aplicação de azoto aumentou acentuadamente o rendimento bruto da cultura da mostarda. O rendimento bruto mais elevado foi obtido com 80 kg N/ha, que foi Rs 2601,12 e Rs 4960,50 mais do que sem azoto e 40 kg N/ha, respetivamente.

Tabela 18. Rendimento bruto, rendimento líquido e relação benefício/custo das variedades de mostarda em função do espaçamento e dos níveis de azoto

Tratamentos		Rendimento bruto (Rs/ha)	Rendimento líquido (Rs/ha)	Rácio benefício/custo
Espaçamento (cm)				
30	(Si)	26847	16339	1.55
40	(S)2	26598	16090	1.52
Variedades				
4001	(vi)	27620	17110	1.63

Pusa Bold	$(V)_2$	25825	15318	1.44
Azoto (kg/ha)				
Sem azoto	(N_0)	22549	12451	1.23
40	(N_1)	27509	16981	1.61
80	$(N)_2$	30110	19212	1.76

4.6.2. Rendimento líquido

4.6.2.1. Efeito do espaçamento

Ambos os espaçamentos obtiveram um rendimento líquido por hectare quase semelhante.

4.6.2.2. Efeito da variedade

O rendimento líquido mais elevado obtido com a variedade 4001 foi Rs 1791,75 superior ao obtido com a variedade Pusa Bold.

4.6.2.3 Efeito do azoto

O rendimento líquido mais elevado foi obtido quando a cultura foi fornecida com uma dose mais elevada de azoto @ 80 kg N/ha. Isto foi mais elevado em Rs 6761 e Rs 2231 do que o controlo não fertilizado e 40 kg N/ha, respetivamente.

4.6.3. Rácio benefício/custo.

4.6.3.1. Efeito do espaçamento

Ambos os espaçamentos registaram uma relação benefício/custo quase idêntica.

4.6.3.2. Efeito da variedade

O cultivo da variedade 4001 foi considerado superior ao da variedade Pusa bold em termos de rendimento por rupia de investimento.

4.6.3.3. Efeito do azoto

Embora o BCR mais elevado tenha sido obtido com 80 kg N/ha, foi quase semelhante ao obtido com 40 kg N/ha, mas foi quase semelhante ao obtido com 40 kg N/ha. Isto significa que o retorno por rupia investida foi maior quando se aplicou 40 kg N/ha.

Capítulo 5

DISCUSSÃO

Os resultados da investigação intitulada **"Resposta das variedades de mostarda *(Brassica juncea* L. Czern & Coss) ao espaçamento e aos níveis de azoto"** foram discutidos neste capítulo sob os títulos apropriados.

5.1. Efeito do espaçamento

5.1.1. Caracteres de crescimento

Um espaçamento mais largo de 40 cm registou plantas significativamente mais altas (Quadro 4) na fase inicial e final de observação. Isto pode dever-se ao facto de um maior espaçamento ter favorecido o crescimento adequado das raízes, aumentando assim a absorção dos nutrientes das plantas. Isto pode ter ajudado a produzir um maior número de células e encorajado o alongamento celular, o que se reflectiu numa maior altura da planta. Resultados semelhantes foram registados por Tripathi e Verma (1995), mas contrastam com os resultados de Thakur (1999).

A acumulação de matéria seca foi numericamente mais elevada com um espaçamento mais largo (Quadro 5 e Fig. 3). Isto pode ser atribuído ao facto de as plantas mais espaçadas terem um maior número de folhas devido à sua altura e receberem mais luz solar, o que aumentou a síntese de fotossintatos e, finalmente, a produção de matéria seca por planta. No entanto, o efeito não foi significativo porque o espaçamento mais próximo registou uma acumulação de matéria seca semelhante devido a um melhor posicionamento e a um maior número de folhas, o que ajudou a planta a acumular mais matéria seca devido a uma melhor formação de fotossintatos.

5.1.2. Atributos de rendimento

O número de ramos primários e secundários por planta foi significativamente influenciado pelo espaçamento (quadro 7). O maior número de ramos primários/planta registado com um espaçamento mais próximo pode ser atribuído ao facto de, devido à competição entre plantas, estas crescerem mais verticalmente do que horizontalmente, o que suporta um maior número de ramos primários por planta.

O espaçamento mais largo registou um número significativamente maior de ramos secundários do que o espaçamento mais próximo? Isto pode dever-se ao facto de um maior espaçamento promover o desenvolvimento horizontal da planta, que produz um maior número de ramos secundários/planta. Isto corrobora a constatação de Rathi e Dayaram (1975).

Atributos de rendimento como número de síliquas por planta, comprimento da síliqua, sementes/síliqua e peso de teste não foram afectados pelo espaçamento (Quadro 8). Isto pode dever-se ao facto de a acumulação de matéria seca ter sido semelhante em ambos os espaçamentos (quadro 5). Este efeito cumulativo dos atributos de crescimento e rendimento concentrou-se na realização de uma produção de sementes semelhante em ambos os espaçamentos (Quadro 12).

5.2. Efeito das variedades

5.2.1. Caracteres de crescimento

A variedade 4001 produziu plantas significativamente mais altas (quadro 4) do que a variedade Pusa bold. As plantas mais altas suportaram um maior número de folhas/planta, o que favoreceu uma maior interceção da luz e a formação de fotossintatos. Isto contribuiu posteriormente para uma maior acumulação de matéria seca por planta (Quadro 5 e Fig. 3). Esta constatação está de acordo com a constatação de Shukla e Kumar (1994).

5.2.2. Atributos de rendimento

A variedade 4001 produziu significativamente mais número de síliquas por planta e peso de teste do que a variedade Pusa bold (Quadro 9 e Fig. 4). Isto pode dever-se ao facto de a variedade V_1 ter produzido um maior número de ramos primários e secundários que suportaram a formação de mais síliquas por planta. A maior acumulação de matéria seca favoreceu o melhor desenvolvimento das sementes, o que se reflectiu num maior peso de teste com a variedade 4001 (Quadro 9 e Fig. 4).

5.2.3. Rendimento

A variedade 4001 produziu um rendimento de sementes e de palha significativamente mais elevado do que a variedade Pusa Bold (Quadro 12 e Fig. 5). Isto pode ser atribuído ao facto de o melhor crescimento da variedade 4001 ter favorecido a geração de um maior número de ramos primários e secundários que suportaram um maior número de síliquas por planta. O índice de colheita estatisticamente semelhante favoreceu uma melhor translocação de fotossintatos para a semente. Estes factores conduzem cumulativamente a uma maior produção de sementes. Resultados semelhantes foram registados por Tomar e Namdeo (1989).

5.2.4. Qualidade

Embora o teor de óleo não tenha sido afetado pelas variedades, a variedade 4001 produziu um rendimento de óleo significativamente mais elevado do que a variedade Pusa bold (Quadro 15 e Fig. 7). Isto pode dever-se ao facto de o rendimento das sementes ter sido mais elevado com a variedade 4001 (Quadro 12), o que, por fim, é importante para a produção de óleo. Do mesmo modo, a variedade 4001 foi superior à Pusa Bold em termos de teor de proteínas, mas a diferença não foi significativa (Quadro 16 e Fig. 8). No entanto, a variedade 4001 registou o maior rendimento proteico devido à sua elevada produção de sementes.

5.2.5. Economia

A variedade 4001 deu maior rendimento bruto e líquido (quadro 18). Isto pode dever-se ao maior rendimento de sementes obtido com esta variedade e ao facto de o mesmo custo de cultivo ter favorecido maiores rendimentos. Isto reflectiu-se no elevado rácio benefício/custo obtido com esta variedade.

5.3. Efeito do azoto

5.3.1. Caracteres de crescimento

A altura das plantas foi significativamente afetada pela aplicação de azoto (Quadro 4). Isto pode ser atribuído ao facto de a aplicação de azoto ter favorecido uma maior síntese de protoplasma, o que promoveu a divisão e o alongamento celular. Estes efeitos combinados resultaram numa planta mais alta com uma dose mais elevada de azoto. Observações semelhantes foram feitas por Kaneria e Patel (1995), Butter e Aulakh (1999).

A planta mais alta tinha mais folhas que interceptavam mais luz e favoreciam a formação de mais fotossintatos que se reflectiam numa elevada acumulação de matéria seca por planta (Quadro 5 e Fig. 3). Resultados semelhantes foram registados por Sharma e Kumar (1998). Shukla e Kumar (1994) e Garg *et al.* (2001) referiram que níveis crescentes de N aumentam progressivamente as actividades das enzimas de assimilação do amoníaco, o que tem um efeito favorável no crescimento das plantas.

5.3.2. Sobre os atributos de rendimento

Uma dose mais elevada de aplicação de N influenciou marcadamente o número de ramos primários e secundários por planta (Quadro 7). Isto pode ser devido ao facto de o teor de azoto, mas a diferença não foi significativa (Quadro 16 e Fig. 8). No entanto, a variedade 4001 registou o maior rendimento proteico devido à sua elevada produção de sementes.

5.2.5. Economia

A variedade 4001 deu maior rendimento bruto e líquido (quadro 18). Isto pode dever-se ao maior rendimento de sementes obtido com esta variedade e ao facto de o mesmo custo de cultivo ter favorecido maiores rendimentos. Isto reflectiu-se no elevado rácio benefício/custo obtido com esta variedade.

5.3. Efeito do azoto

5.3.1. Caracteres de crescimento

A altura das plantas foi significativamente afetada pela aplicação de azoto (Quadro 4). Isto pode ser atribuído ao facto de a aplicação de azoto ter favorecido uma maior síntese de protoplasma, o que promoveu a divisão e o alongamento celular. Estes efeitos combinados resultaram numa planta mais alta com uma dose mais elevada de azoto. Observações semelhantes foram feitas por Kaneria e Patel (1995), Butter e Aulakh (1999).

A planta mais alta tinha mais folhas que interceptavam mais luz e favoreciam a formação de mais fotossintatos que se reflectiam numa elevada acumulação de matéria seca por planta (Quadro 5 e Fig. 3). Resultados semelhantes foram registados por Sharma e Kumar (1998). Shukla e Kumar (1994) e Garg *et al.* (2001) referiram que níveis crescentes de N aumentam progressivamente as actividades das enzimas de assimilação do amoníaco, o que tem um efeito favorável no crescimento das plantas.

5.3.2. Sobre os atributos de rendimento

Uma dose mais elevada de aplicação de N influenciou marcadamente o número de ramos primários e secundários por planta (Quadro 7). Isto pode dever-se ao facto de a aplicação de azoto ter produzido plantas mais altas que produziram um maior número de ramos primários. O crescimento horizontal e vertical da planta, induzido pela aplicação de azoto, gerou um maior número de ramos secundários em todas as plantas, o que levou a um maior número de ramos primários com doses mais elevadas de aplicação de azoto.

Os atributos de rendimento como o número de síliquas, o comprimento das sementes de síliqua por síliqua e o peso do teste foram marcadamente influenciados pela aplicação de azoto. O crescimento das plantas induzido pelo azoto favoreceu um maior número de ramos primários e secundários que suportaram um maior número de síliquas por planta com doses mais elevadas de azoto. Devido à ausência de competição intra-planta, o comprimento da síliqua foi maior com uma dose mais elevada de azoto, o que suportou um maior número de sementes por síliqua com uma dose mais elevada de azoto. O maior comprimento da síliqua assegurou um melhor desenvolvimento de sementes individuais que resultaram em maior peso de teste (Tabela 9 e Fig. 4). Resultados semelhantes foram relatados por Patel (1998), Kaneria e Patel (1995), Sharma (1995), Kakati e Kanta (1996) e Butter e Aulakh (1999).

5.3.3. Rendimento

O rendimento das sementes e do caule e o índice de colheita foram significativamente influenciados pela aplicação de azoto (Quadro 12 e Fig. 5). A aplicação de azoto induziu um melhor crescimento da planta e uma maior acumulação de matéria seca em resultado da elevada taxa de fotossíntese devido ao seu envolvimento direto na síntese de clorofila. O índice de colheita mais elevado com doses mais altas de azoto favoreceu uma melhor repartição dos fotossintatos para os componentes do rendimento. A melhoria dos componentes do rendimento, nomeadamente o número de síliquas por planta, o número de sementes por síliqua e o peso do teste, resultou numa maior produção de sementes de mostarda com doses mais elevadas de azoto. Achados semelhantes foram relatados por Gawai *et al.* (1994), Singh *et al.* (1994), Sharma *et al.* (1995), Tomar *et al.* (1995), Singh (1999) e Kumar *et al.* (2001).

5.3.4 Conteúdo e adoção

A aplicação de azoto melhorou significativamente o teor e a absorção de azoto (Quadro 14 e Fig. 6). Isto pode ser atribuído ao facto de uma dose mais elevada de azoto ter induzido um melhor crescimento e desenvolvimento da planta, encorajando assim a absorção e assimilação do azoto. Isto levou a uma maior concentração de azoto nas partes da planta. Da mesma forma, uma dose mais elevada de azoto registou uma maior absorção de azoto. Isto deve-se, obviamente, ao facto de uma dose mais elevada de azoto favorecer uma maior concentração do elemento e uma maior produção de sementes e de palha (Fig. 5). Estes efeitos combinados registaram uma maior absorção de N pela mostarda. Vários trabalhadores como Tomar *et al.* (1995), Trivedi *et al.* (1995), Kakti e Kalita (1996), Pramanik *et al.* (1996), Sharma *et al.* (1997), Singh *et al.* (1999) e Meena *et al.* (2001).

5.3.5. Qualidade

A aplicação de azoto provocou uma redução significativa do teor de óleo, mas melhorou a concentração de proteínas (quadros 15 e 16 e figuras 7 e 8). Isto pode ser atribuído ao facto de o azoto, sendo um constituinte dos aminoácidos, favorecer a formação de mais aminoácidos e, consequentemente, de proteínas a partir dos hidratos de carbono, desencorajando assim a formação de ácidos gordos. Este efeito do azoto reduziu o teor de óleo e aumentou o teor de proteínas na mostarda com a sua dose mais elevada. Vários cientistas observaram a relação negativa entre o teor de óleo da mostarda e o azoto e a correlação positiva entre o teor de proteínas e o azoto. Singh e Rathi (1985), Singh *et al.* (1994), Tomar (1995), Parmanik *et al.* (1996), Dali *et al.* (1996), Ishwar *et al.* (1996), Dilip (1999), Sahoo *et al.* (2000) e Anil *et al.* (2001). A aplicação de nitrogénio aumentou significativamente o rendimento proteico. Isto pode ser atribuído ao facto de que a dose mais elevada de azoto aumentou a concentração de N e melhorou o rendimento das sementes (Quadro 16).

No entanto, o rendimento em óleo foi significativamente mais elevado com doses mais elevadas de azoto. Isto deveu-se ao facto de o rendimento das sementes ser mais elevado com uma dose mais elevada de azoto (Quadro 15 e Fig. 7).

5.3.5. Economia

Uma dose mais elevada de azoto deu um rendimento bruto e líquido mais elevado. Isto pode ser devido ao facto de se ter obtido um maior rendimento de sementes e de palha com uma dose mais elevada de azoto. Este tratamento também deu o maior rácio benefício:custo (Quadro 17).

5.4 Efeito de interação

5.4.1 Caracteres de crescimento

A aplicação de nitrogénio teve uma influência significativa na acumulação de matéria seca com a variedade 4001. Da mesma forma, uma dose mais elevada de azoto com um espaçamento maior ajudou a acumular mais matéria seca. Isto pode ser atribuído ao facto de um espaçamento mais largo proporcionar uma melhor expressão do carácter de crescimento devido a uma melhor nutrição azotada, o que ajudou a uma maior fotossíntese de hidratos de carbono, resultando numa elevada acumulação de matéria seca.

5.4.2 Atributos de rendimento e rendimento

O azoto teve uma influência significativa na produção de ramos primários, síliquas/planta com a variedade e o espaçamento (quadros 8 e 9). Isto pode ser atribuído ao facto de um maior espaçamento ter ajudado na absorção de azoto devido ao seu envolvimento na divisão celular, o alongamento celular e a diferenciação de tecidos ajudaram a planta a produzir mais ramos. Estes ramos suportaram um maior número de síliquas numa cultura com espaçamento alargado.

A melhoria induzida pelo azoto nos componentes de rendimento com um espaçamento mais largo levou à realização de um maior rendimento de sementes (Quadro 13).

RESUMO E CONCLUSÃO

O presente estudo, intitulado **"Respeito das variedades de mostarda *(Brassica Juncea* L. Czern & Coss) ao espaçamento e aos níveis de azoto"**, foi realizado na quinta de investigação do Kisan (PG) College, Simbhaoli, Ghaziabad, durante a estação rabi de 2002-2003. A experiência foi realizada em parcelas divididas com três repetições, mantendo o espaçamento nas parcelas principais e o azoto e a variedade nas subparcelas, para estudar o efeito do espaçamento e do azoto individualmente no crescimento e no rendimento da mostarda, para comparar o desempenho das variedades de mostarda, para estudar o efeito de interação do espaçamento, das variedades e do azoto no crescimento e no rendimento da mostarda e para determinar a economia da cultura da mostarda. O resumo da experiência de campo é apresentado neste capítulo sob os títulos apropriados.

Efeito do espaçamento

(i) O espaçamento mais largo de 40 entre linhas cm produziu plantas significativamente mais altas do que o espaçamento mais próximo de 30 cm aos 40 e 120 dias após a sementeira. No entanto, manteve-se estatisticamente a par com o espaçamento de 30 cm aos 80 dias após a sementeira.

(ii) A acumulação de matéria seca por planta não foi afetada pelo espaçamento nas diferentes fases de observação.

(iii) O espaçamento mais próximo registou um maior número de ramos primários por planta, mas o número de ramos secundários foi significativamente maior com um espaçamento mais largo de 40 cm entre linhas.

(iv) Os atributos de rendimento como o número de síliquas por planta, o comprimento das sementes de síliqua por síliqua e o peso do teste não foram afectados pelo espaçamento,

(v) O rendimento das sementes e do caule não foi afetado pelo espaçamento. No entanto, o espaçamento de 30 cm entre linhas registou um índice de colheita significativamente mais elevado do que o espaçamento de 40 cm.

(vi) O teor e a absorção de azoto não foram afectados pela variação do espaçamento entre linhas.

(vii) O aumento do espaçamento entre fileiras não trouxe melhorias significativas no teor de proteínas.

(viii) O teor de óleo e o rendimento não foram influenciados pelo espaçamento.

(ix) O rendimento bruto, o rendimento líquido e o rácio benefício/custo foram quase semelhantes nos dois espaçamentos.

Efeito da variedade

(i) A variedade 4001 produziu plantas significativamente mais altas do que a Pusa bold aos 120 dias após a sementeira. No entanto, ambas as variedades registaram uma altura idêntica aos 40 e 80 dias após a sementeira,

(ii) A acumulação de matéria seca por planta foi significativamente maior na variedade 4001 aos 40 e 120 dias após a sementeira. No entanto, 80 dias após a sementeira, ambas as variedades eram semelhantes em termos de acumulação de matéria seca por planta,

(iii) Ambas as variedades produziram um número estatisticamente semelhante de ramos primários e secundários por planta.

(iv) Os atributos de rendimento, ou seja, o número de síliquas por planta e o peso de teste foram significativamente maiores com a variedade 4001. Mas, o comprimento da síliqua e as sementes por síliqua foram quase idênticos em ambas as variedades.

(v) A variedade 4001 produziu significativamente 1,08 quintal a mais de rendimento de sementes e

3,66 quintais a mais de rendimento de palha do que a Pusa bold. No entanto, o índice de colheita foi semelhante para ambas as variedades,

(vi) Ambas as variedades registaram um teor de óleo estatisticamente semelhante. No entanto, o rendimento em óleo foi significativamente mais elevado na variedade 4001 do que na Pusa bold,

(vii) A variedade 4001 foi considerada superior em termos de teor de proteínas e rendimento à variedade Pusa Bold,

(viii) A concentração de N nas sementes e no caule foi significativamente mais elevada em Pusa Bold do que em 4001. No entanto, este último registou uma absorção de N numericamente mais elevada.

(ix) O rendimento bruto, o rendimento líquido e o rácio benefício/custo foram mais elevados com a variedade 4001.

Efeito do azoto

(i) O aumento da dose de azoto provocou um aumento significativo da altura das plantas em todas as fases progressivas do seu crescimento.

(ii) Todos os incrementos em cada dose de azoto aumentaram significativamente o teor de matéria seca

acumulação de matéria seca por planta em cada fase de crescimento da planta. O aumento percentual no acúmulo de matéria seca de 0 a 40 e de 40 a 80 aos 120 dias após a semeadura foi de 33,16 e 28,56, respetivamente.

(iii) O número de ramos primários e secundários por planta aumentou acentuadamente com o aumento da dose de azoto até 80 kg N/ha,

(iv) A aplicação de 80 kg N/ha produziu um maior número de síliquas por planta do que as doses inferiores anteriores. Isto foi 60,13% e 21% mais do que o obtido sem azoto e com 40 kg N/ha, respetivamente.

(v) As sementes por síliqua aumentaram significativamente com o aumento da dose de azoto apenas até 40 kg N/ha,

(vi) O comprimento da síliqua e o peso do teste foram significativamente mais elevados com 80 kg de N/ha, mas a diferença entre 40 kg e o controlo não fertilizado não foi significativa,

(vii) A produção de sementes e o índice de colheita foram significativamente mais elevados com doses mais elevadas de azoto, no entanto, a produção de palha respondeu positivamente apenas até 40 kg N/ha. O aumento percentual da produção de sementes de 0 a 40 e de 40 a 80 foi de 22,26 e 10,30, respetivamente.

(viii) O teor e a absorção de azoto melhoraram significativamente com a aplicação de azoto. O teor mais elevado de azoto registado com 80 kg N/ha foi 0,90 e 0,24 superior a 0 e 40 kg N/ha.

(ix) O teor de óleo da mostarda foi significativamente reduzido devido à aplicação de N apenas até 40 kg N/ha. Um aumento adicional de azoto até 80 kg não afectou o teor de óleo. O rendimento mais elevado foi obtido com uma dose mais elevada de aplicação de N,

(x) A aplicação de nitrogénio aumentou significativamente a concentração de proteínas e o rendimento da mostarda. O aumento percentual de proteína foi de 3,37% e 3,35% de 0-40 e 40-80 kg N/ha. No entanto, o rácio benefício:custo foi quase semelhante para 40 e 80 kg N/ha.

Efeito de interação

(i) A variedade 4001 e a Pusa Bold registaram uma acumulação de matéria seca significativamente mais elevada quando a cultura foi semeada a 40 cm de distância e fertilizada com 80 kg N/ha.

(ii) A variedade 4001 respondeu mais ao azoto do que a Pusa Bold em termos de acumulação de matéria seca.

(iii) O nitrogénio a 80 kg com um espaçamento mais largo registou uma acumulação de matéria seca significativamente mais elevada.

(iv) Ao mesmo nível de azoto, a V_1 produziu um maior número de síliquas com um espaçamento mais próximo, enquanto a Pusa Bold com um espaçamento mais largo.

(v) O espaçamento mais largo com 40 kg N registou um número de sementes semelhante ao de 80 kg N/ha. com espaçamento mais próximo.

(vi) A variedade 4001 fornecida com 40 kg N/ha e semeada num espaçamento mais próximo produziu um rendimento estatisticamente semelhante ao obtido com a mesma variedade com 80 kg N/ha num espaçamento mais largo.

(vii) A aplicação de azoto afectou mais sensivelmente a variedade Pusa Bold do que a variedade 4001.

(viii) O azoto provocou uma redução acentuada do teor de óleo na variedade Pusa Bold do que na variedade 4001.

CONCLUSÃO

Com base nos resultados da experiência intitulada **"Resposta das variedades de mostarda *(Brassica juncea* L. Czern & Coss) ao espaçamento e aos níveis de azoto"**, pode tirar-se a seguinte conclusão.

1. A variedade 4001 foi considerada superior à Pusa Bold em termos de rendimento e qualidade.
2. O espaçamento não teve significado no crescimento e no rendimento da mostarda.
3. A fertilização com azoto influenciou significativamente o crescimento e o rendimento da mostarda.
4. O efeito de interação entre o espaçamento, o azoto e as variedades afectou significativamente o rendimento das sementes.
5. A variedade 4001 fertilizada com 80 kg N/ha deu maior retorno líquido e retorno líquido por rupia de investimento.

BIBLIOGRAFIA

Ahmad, Altaf, Ishrat Khan, Abdin, M.Z., Ahmad, A. e Khan, I (2001). Efeito interativo do azoto e do enxofre na colheita de azoto da mostarda de colza. *Indian Journal of Plant Physiology* ***6*** (1): 46-52.

Anónimo (2003). Agricultural Statistics at a glance. Divisão de Estatísticas Agrícolas. Direção de Economia e Estatística, Departamento de Agricultura e Cooperação, Ministério da Agricultura, Nova Deli, pp. 90-91.

Arora, A., Vijay, Singh, Das, R.R. e Singh, V. (1994). Rendimento e qualidade do óleo de mostarda afectados por taxas de N e S em inceptisols. *Journal of Oilseeds Research* **11**(2):273-276.

Arthamwar, D.N., Sheike, V.B. e Ekshinge, B.S. (1996). Efeito do azoto e do fósforo nos atributos de rendimento. Rendimento de sementes e de óleo da mostarda indiana *(Brassica juncea)*. *Indian Journal of Agronomy* **41**(2):282-285.

Arthamwar, D.N., Sheike, V.B., Mundhe, P.R., Dhoble, M.V. e Ekshinge, B.S. (1996). Effects of nitrogen and phosphorus levels on yield and nutrient uptake by mustard. *Journal of Maharashtra Agricultural Universities* **21** (3):378=380.

Arthamwar, D.V., Sheike, V.B. e Ekshinge, B.S. (1995). Padrão da área foliar e produção de matéria seca em variedades de mostarda sob níveis de azoto e fósforo. *Journal of Maharashtra Agricultural Universities* **20**(3):379-382.

Bhagwan Singh e Vinod Kumar (1996). Resposta da mostarda indiana *(Brassica juncea)* à aplicação de azoto e enxofre em condições de sequeiro. *Indian Journal of Agronomy* **41**(2):286-289.

Bhan, S., Balaraju, M. e Ram, V. (1980). Utilização da água, rendimento e qualidade da colza influenciados pelo espaçamento, irrigação e altura da colheita quando cultivada num sistema de culturas múltiplas. *Indian J. Agric. Sci.* **50**(10): 170-173.

Bhan, Suraj, Uttam, S.K. e Awasthi, U.D. (1995). Effect of plant spacing and direction of semear on growth and yield of rainfed Indian mustard. *Indian Journal of Agronomy* **40**(4):636-638.

Bharadwaj, G.S. (1990). Resposta de variedades melhoradas de mostarda a diferentes níveis de azoto nas condições do norte de Madhya Pradesh. *Haryana Journal of Agronomy* **6**(1):29-32.

Bhari, N.R., Siag, R.K. e Mann, P.S. (2000). Resposta da mostarda indiana *(Brassica juncea)* ao azoto e ao fósforo em torripsammats do noroeste do Rajastão. *Indian Journal of Agronomy* **45**(4):746-751.

Bhati, D.S., Kumpwat, B.S, Bajpai, M.R, Rathore, P.S. e Mall, A.L(1987). Estudos sobre o espaçamento entre linhas e entre fileiras na mostarda *(Brassica juncea)* sob textura leve do Rajastão. Transação da *Sociedade Indiana de Tecnologia do Deserto* **12**(1):7-11.

Buttar, G.S. e Aulakh, C.S. (1999). Efeito da data de sementeira, do azoto e do espaçamento entre linhas no crescimento, nos atributos de rendimento e no rendimento da mostarda indiana *(Brassica juncea). Indian Journal of Agronomy* **44**(4):813- 815.

Chauhan, A.K., Singh, M. e Dadhwal, K.S. (1993). Efeito dos níveis de azoto e do espaçamento entre linhas no desempenho da colza *(Brassica napus). Indian J. Agron.* **37**(4):851-853.

Dalai, G.K., Dash, P., Paikaray, R.K. e Rathi, B.S. (1996). Effect of row spacing and levels of nitrogen on production efficiency, nitrogen use efficiency and quality of late sown Indian mustard. *Environment and Ecology* **14**(1):139- 141.

Damodaran, T. e Hegde, D.M. (1999). In: Situação das sementes oleaginosas: A statistical compedium. Direção de Investigação de Sementes Oleaginosas, Rajendranagar, Hyderabad.

Deekshitulu, V.V.R, Subbaiah, G., Raghavaiah, R.V. e Singh, M. (1998). Effect of nitrogen and sulphur on seed yield, oil content and oil yield of Indian mustard. *Journal of oilseeds Research* **15**(2): 355-356.

Garg, B.K.; Kathju, S., Vyas, S.P. e Lahiri, A.N. (2001). Influence of irrigation and nitrogen levels on Indian mustard *Indian Journal of Plant Physiology* **6**(3):289-294.

Gawai, P.P., Chaudhari, C.S., Zade, N.G. e Darange, S.O. (1994). Resposta da mostarda à fertilização com azoto e ao espaçamento. *Journal of Soils and Crops* **4**(1):44-46.

Ghatak, S., Sounda, G. e Jana, P.K. (1992). Efeito da irrigação e do azoto nas sementes e no teor de óleo da mostarda indiana *(Brassica juncea). Indian J. Agric. Sci.* **67**(10):646-668.

Ghosh, P.K., Mandal, K.G., Bandyopadhyay, K.K., Hati, K.M., Subba Rao, A. e Tripathi, A.K. (2002). Role of plant nutrient management in oilseeds production (Papel da gestão dos nutrientes das plantas na produção de sementes oleaginosas). *Fertilizer News* **47**(11):67-77 e 79-80.

Giri, G. e Ganga Saran (1985). Influência da geometria de plantação e do azoto no desempenho da colza indiana em condições de sequeiro. *Indian Journal of Agronomy* **30**(4): 470-476.

Gurjar, B.S. e Chauhan, D.V.S. (1997). Atributos de rendimento e rendimento de sementes de mostarda indiana *(Brassica juncea)* influenciados por variedades, níveis de fertilidade e espaçamento na área de comando de Harsi. *Indian Journal of Agronomy* **42**(1): 142144.

Ishwar Singh, Saini, S.L. e Singh, R.C. (1996). Effect of row spacing and fertilizer level on late sown Indian mustard *(Brassica juncea)* cultivars. *Indian Journal of Agronomy* **41**(1):166-167.

Kachroo, D. e Kumar, A. (1999). Peso das sementes, teor de óleo e de proteínas da mostarda indiana *(Brassica juncea L.)* influenciados pela fertilização com azoto e enxofre. *Annals of Agricultural Research* **20**(3):369-371.

Kakati, P.K. e Kalita, M.M. (1995). Resposta das variedades de mostarda indiana *(Brassicajuncea)* ao azoto. *Indian Journal of Agronomy* **41** (2):338.

Kaneria, B.B. e Patel, Z.G. (1995). Efeito das práticas de gestão de ervas daninhas e do azoto no crescimento, rendimento e absorção de azoto pela mostarda *(Brassica juncea* L). *Gujarat Agricultural University Research Journal* **21** (1): 1 -5.

Khan, N.A., Samiullah, Afridi, M.M.R.K. e Ansari, S.A. (1990). Response of six mustard varieties to different combinations of nitrogen and phosphorus *Indian Journal of Agronomy* **35**(4):412- 414.

Khichar, Ml., Yadav, Y.C., Bishnoi, O.P. e Niwas, R. (2000). Radiation use efficiency of mustard as influenced by sowing dates, plant spacing and cultivars. *Journal of Agrometeorology* **2**(1):97- 99.

Krishna, V.G. e Reddy, M.D. (1994). Efeito da irrigação e dos níveis de azoto na produção de sementes e na eficiência da utilização da água da mostarda no norte de Telangana. *Journal of Research, A.P.A. U.* **22**:1-2.

Kumar, Anil, Bikram Singh, Yadav, V.P., Dhankhar, O.P., Kumar, A. e Singh, B. (2001). Performance of four rowed Indian mustard *(Brassica juncea)* mutant under different levels of nitrogen and phosphorus. *Indian Journal of Agricultural Sciences* **71**(6):375-377.

Mandal, K.G., Ghosh, P.K., Wanjari, R.H., Hati, K.M., Bandyopadhyay, K.K. e Mishra, A.K. (2002). Implicações práticas da interação nutriente x nutriente para aumentar a produtividade das sementes oleaginosas na Índia. *Fertilizer News* **47**(7): 13-18 e 2126.

Meena, B.S., Tanwar, S.P.S. e Sharma, G.L. (2001). Effect of nitrogen irrigation and interculture on yield, nutrient content and uptake in mustard *(Brassica juncea* Czern and Coss) *Journal of Soils and Crops* **11** (2): 184-187.

Mishra, J.S. e Kurchania, S.P. (1999). Nutrient uptake by mustard and associated weeds as influenced by nitrogen levels, planting geometry and weed control methods. *Indian Journal of Weed Science* **31** (3-4): 191-195.

Mohan, K. e Sharma, H.C. (1992). Efeito do azoto e do enxofre no crescimento, atributos de rendimento e rendimento de óleo da mostarda indiana *(Brassica juncea) Indian J. Agron.* **37**(4):784-754.

Murty, B.R., (1969). Sarson e outras *Brassica* produtoras de solo *Indian Farming*

19(9):22-24.

Patel, J.J. e Patel, B.A. (1999). Resposta da mostarda *(Brassica juncea)* ao espaçamento de irrigação e aos reguladores de crescimento. *Indian Journal of Agronomy* **44**(3):609-612.

Patel, J.R. (1998/99). Efeito da irrigação e do azoto na mostarda. *Jornal das Universidades Agrícolas de Maharashtra* **23**(3):259-261.

Patidar, M, Singh, M.P., Singh, B., Raj Singh e Singh, R. (2000). Varietal performance of Indian mustard under different fertility levels in arid zone. *Agricultura atual* **24**(1-2):89-91.

Patil, B.P. e De, R. (1978). Estudos sobre o efeito do azoto, fertilizantes, espaçamento entre linhas e utilização de antitranspirantes no crescimento da colza *(Brassica campestris)* em condições de sequeiro. *Field Crop Abstracts* **32**(5):367.

Pradhan, A.C., Sarkar, S.K., Roy, S.K.(1994). Crescimento e rendimento de variedades de mostarda de colza influenciados pela fertilização com azoto e fósforo. *Environment and Ecology* **12**(1): 166-170.

Pramanik, S.C., Singh, N.P., Subedar Singh, Gornaya, K.L.M. e Singh, S. (1996). Irrigation and nitrogen effects on oil yield and nitrogen uptake by Ethiopian mustard *(Brassica carinata) Indian Journal of Agronomy* **41**(1):101-107.

Priche, M. e Machnicka, J. (1964). A influência dos espaços entre linhas e da taxa de sementes no rendimento da mostarda branca *(Sinansia alba)* e da mostarda indiana *(Brassica juncea). Field Crop Abstract* **17**(2): 136.

Punia, S.S., Malik, Y.P., Singh, S. e Chauhan, R. (2001). Necessidades de azoto da mostarda cultivada em diferentes sequências de culturas. *Crucifirae- News letter* **23**:8182.

R.P. Singh e Yashwant Singh (1998). Performance of rainfed Indian mustard *(Brassica juncea)* varieties at varying level of nitrogen. *Indian Journal of Agronomy* **43**(4)709-712.

Rathi, K.S. e Dayaram (1975). Estudos sobre a utilização do efeito de fronteira na redução das necessidades de fertilizantes da variedade de mostarda *(Brassica juncea* Cos.) em condições de regadio. Tese de Mestrado em Agronomia apresentada pelo segundo autor à Universidade de Kanpur, Kanpur.

Rathi, K.S. e Tripathi, H.N. (1973). Economia das variedades Ravi *(Brassica juncea* Coss) influenciada pelo espaçamento e pela fertilização com azoto. *Oil seeds Journal* **111** (3):9-11.

Sachan, S.S., Singh, R.K. e Koshta, S. K. (1997). Efeito dos níveis de azoto, espaçamento entre linhas e práticas de conservação da humidade na mostarda de sequeiro em solos erodidos. *Indian Journal of Soil Conservation* **25**(1):84-85.

Sahoo, R.K. Abdul Khalak, Sujith, G.M., Veeranna, H.K., Sharanappa, Krishnamurthy,N (2000). Características de crescimento, teor de acumulação de matéria seca e absorção de nutrientes em cultivares de mostarda influenciados pelo espaçamento entre linhas e níveis de azoto na zona seca oriental não tradicional de Karnataka. *Indian Society* for Spices, Calicut, Índia.

Sahoo, R.K., Abdul Khalak, Sujith, G.M., Sheriff, R.A. e Khalak, A. (2000). Influência dos regimes de espaçamento e dos níveis de azoto no rendimento e na qualidade das cultivares de mostarda. *Investigação sobre culturas* **1**(1):50-54.

Sarmah, P.C. (1996). Efeito da data de sementeira e do espaçamento entre linhas na mostarda de sequeiro em condições de sementeira tardia. *Journal of Oil seeds Research* **13**(1): 10-12.

Shahidullah, M., Islam, U., Karim, M.A., e Hossain, M. (1996). Resposta de quatro variedades de mostarda a diferentes níveis de azoto. *Bangladesh Journal of Scientific and Industrial Research* **31** (3): 143-151.

Sharma, D.K. e Kumar, A. (1988). Effect of irrigation scheduling and nitrogen on yield and nitrogen uptake of mustard. *Indian J. Agron.* **33**(4):436-441.

Sharma, Ml. (1991). Rendimento e teor de óleo de variedades de mostarda em relação à população de plantas. *Indian Journal of Agronomy* **37**(3):593-594.

Sharma, Ml. (1992). Resposta das variedades de mostarda *(Brassica juncea)* ao espaçamento entre linhas. *Indian J. Agron.* **37**(3):593-594.

Sharma, N.N., Sharma, D. e Paul, S.R. (1999). Efeito do nível de azoto e do espaçamento entre linhas no crescimento e rendimento da mostarda indiana de sequeiro (Brassica juncea) na zona montanhosa de Assam. Indian mustard *(Brassica juncea)* in the hills zone of Assam. *Journal of the Agricultural Science Society of North East India*, **12**(2): 141-144.

Sharma, S.K., Rao, D.S.R.M. e Gupta, S.K. (1997). Effect of crop geometry and nitrogen on quality and oil yield of *Brassica species. Indian Journal of Agronomy* **42**(3):498-501.

Sharma, S.K., Rao, D.S.R.M. e Sharma, H.C. (1997). Effect of plant geometry and nitrogen levels on seed yield and uptake of N by mustard varieties. *Haryana Agricultural University Journal of Research* **27**(2): 111-115.

Sharma, S.K., Rao, D.S.R.M. e Singh, D.P. (1997). Efeito da geometria da cultura e do azoto no rendimento e nos atributos das *espécies de Brassica. Indian Journal of Agronomy* **42**(2) :357-360.

Sharma, S.K., Rao, D.S.R.M., Singh, D.P. e Thakral, S.K. (1995), Phenological development stages and seed yield of *Brassica species* under different crop geometry and nitrogen levels. *Agricultural Science Digest Karnal* **15**(1-2): 47-50.

Shukla, A. e Kumar, A. (1994). Acumulação de matéria seca, teor de azoto, sua absorção e rendimento de sementes de mostarda *(Brassica juncea)* influenciados por variedades e taxas de fertilização com azoto. *Indian J. Agron.* **39**(1):38-42.

Shukla, A., Kumar (1994). Efeito de algumas variedades de mostarda indiana e níveis de azoto no crescimento, rendimento e qualidade. *Annals of Agricultural Research* **15**(1):76-80.

Singh, B.P. e Verma, V.S. (1984). População de plantas e estudos de cobertura com mostarda. Tese de doutoramento apresentada ao CSAUAT, Kanpur pelo primeiro autor.

Singh, J.K., Mishra, P.J. e Singh, R.A. (1998). Absorção de nutrientes, utilização da humidade e economia das variedades de mostarda indiana *(Brassica juncea* (L.) Czern e Coss) em condições de sequeiro. *Environment and Ecology* **16**(1):54-57.

Singh, Kundan e Singh, D. (1987). Resposta da mostarda ao azoto e ao espaçamento. *Indian J. Agro.* **32**(1):15-17.

Singh, M.P., Singh, B.P. e Dewedi, DP. (1994). Efeito de diferentes níveis de azoto e enxofre no crescimento e rendimento da mostarda em solo salino-alcalino em condições de sementeira tardia. *Bhartiya Krishi Anusandhan Patrika* **9**(3):207- 210.

Singh, R.A. (1999). Relação entre o azoto, o enxofre e o cálcio na produção sustentável de mostarda indiana *(Brassica juncea)* em terrenos desnudados. *Indian Journal of Agronomy* **44**(4):820-825.

Singh, R.A. e Rathi, K.S. (1985). Estudos sobre as necessidades de azoto da mostarda. *Indian Journal of Agronomy* **30**(2):257-259.

Singh, R.P. e Yashwant, Singh (1998). Performance of rainfed Indian mustard *(Brassica juncea)* varieties at varying levels of nitrogen. *Indian Journal of Agronomy* **43**(4):709-712.

Singh, R.P., Pal, M.S., Kumar, A. e Shukla, A. (1996). Desempenho de entradas promissoras de mostarda *(Brassica juncea* L.) sob diferentes taxas de fertilização com azoto. *Annals of Agricultural Research* **17**(2):178-180.

Singh, S.M., Dahiya, D.R. e Singh, R.P. (1985). Effect of varying rectangularities, nitrogen and varieties on yield and yield attributes of mustard. *Indian Journal of Agronomy* **30**(1):79-83.

Singh, S.S. e Dixit, R.S. (1989). Resposta da mostarda a vários níveis de irrigação e azoto. *Indian Journal of Agronomy* **34**(3):307- 311.

Singh, Y. e Singh, Mahak (1991). Effect of sowing time, spacing and nitrogen levels on yield of mustard *(Brassica juncea). Indian Journal of Agronomy* **36**(3):429-430.

Sunita, Tomar, Tomar, T.V.S., Sandeep Kumar, Savita Tomar, Mahak Singh e Subey Singh (1996). Resposta das variedades de mostarda indiana *(Brassica juncea)* aos fertilizantes de azoto, fósforo e potássio. *Indian Journal of Agronomy* **41**(4):624-626.

Thakur, K.S. (1999). Resposta de variedades promissoras de mostarda indiana *(Brassica juncea)* ao azoto e ao espaçamento em condições de pluviosidade em meia encosta de Himachal Pradesh, *Indian Journal of Agronomy* **44**(4) :816-819.

Thakuria, K. e Gogoi, P.K. (1996). Resposta da mostarda indiana de sequeiro *(Brassica juncea)* ao azoto e ao espaçamento entre linhas. *Indian Journal of Agronomy* **41**(2):279- 281.

Tomar, R.K.S., Chaurasia, S.C. e Raghu, J.S. (1995). Effect of N and S on nitrogen concentration, uptake and yield of mustard on vertisol irrigated condition. *Advances in Agricultural Research in India* **4**:153-160.

Tomar, S.S., Namdeo, K.N. (1989). Resposta das variedades de mostarda ao espaçamento entre linhas e ao azoto *Indian Journal of Agronomy* **34**(4):472-473.

Tripathi, H.N. (1969). Fertilização diferencial de *Brassica juncea* Coss variedades RT-11 e Appressed mutant em diferentes espaçamentos tese M.Sc. (Ag.) Agronomia submetida à Universidade de Kanpur, Kanpur.

Tripathi, H.N. e Maurya, A.L. (1992). Necessidades de azoto da mostarda *(Brassica juncea* Lin.) (Zern e Coss) em relação às suas bases de aplicação em diferentes espaçamentos entre linhas. Tese de Mestrado (Ag.) em Agronomia, apresentada pelo segundo autor. CSAUAT, Kanpur.

Tripathi, H.N. e Pandey, B.B. (1980). Studies on optimum nitrogen requirement of mustard (Varuna) under two methods of planting Tese M.Sc. (Ag.) Agronomy apresentada pelo segundo autor, CSAUAT, Kanpur.

Tripathi, H.N. e Siddiqui, N.A. (1979). Studies on optimum nitrogen requirement of mustard (Varuna) under two methods of planting thesis M.Sc. (Ag.) Agronomy submitted by second author to CSAUAT, Kanpur.

Tripathi, H.N. e Singh, R.C.(1977). Para descobrir o espaçamento ótimo entre linhas de varuna (T-59) para diferentes combinações de irrigação e azoto. Tese de Mestrado em Agronomia (Ag.), apresentada pelo segundo autor à Universidade de Kanpur, Kanpur.

Tripathi, H.N. e Verma, C.R. (1995). Estudos sobre as necessidades de azoto da mostarda *(Brassica juncea* L Czern e Coss) sob diferentes métodos de sementeira. Tese de Mestrado (Ag.). Agronomia apresentada pelo segundo autor ao CSAUAT, Kanpur.

Trivedi, S.K., Shinde, C.P. e Singh, V. (1995). Effect of various levels of nitrogen phosphorus and sulphur on yield and quality of mustard in blackgram mustard cropping sequence. *Crop Research Hisar.* **10**(3)265-270.

Vasvelia, S.P., Patel, R.G. e Raman, S. (1991). Resposta da mostarda *(Brassica juncea* L) a diferentes calendários de irrigação, espaçamentos entre linhas e níveis de azoto em condições de terras baixas de S. Gujarat. *Gujarat Agricultural University Research Journal* **17**(1):85-86.

Verma, O.S. (1989). Geometria de plantas em toria e mostarda. Research on rapeseed and mustard proceeding of an Indo Swedish Symposium Swedish Univ. of Agricultural Science, Upparala, Swedon (Sep. 1989).

Vir, P., Verma, B.S. (1981). Effect of nitrogen, phosphorus and row spacing on yield, yield attributes and oil content of rainfed mustard. *Indian Journal of Agronomy* **26**(1): 173-180

Apêndice 1. Estimativa do custo da cultura da mostarda

Particularidades	Unidade	Taxa	Custo
1. Preparação do terreno			
(i) Descarte	1	120/unidade	120.00
(ii) Angustiante	2	120/unidade	240.00
(iii) Prancha	1	60/unidade	60.00
2. Preparação da cama de sementes			
(i) Sementes	de acordo com o tratamento		
(ii) Semeadura			
(a) Bullock	2 pares	100/unidade	200.00
(b) Homens	4	60/unidade	240.00
3. Construção de cumeeiras	4	60/unidade	240.00
4. Fertilização			
(i) Fósforo	40 kg	20/unidade	800.00
(ii) Aplicação	1	60/unidade	60.00
5. Intercultura			
(i) 1st desbaste	16	60/unidade	960.00
(ii) 2nd desbaste	8	60/unidade	480.00
(iii) Monda	16	60/unidade	960.00
6. Irrigação - 3			
(i) Taxas de água	3	150/unidade	450.00
(ii) Custo da aplicação	4	60/unidade	240.00
7. Proteção das plantas			
(i) Malatião	20 kg	20/unidade	400.00
(ii) Custo da aplicação	4	60/unidade	240.00
8. Colheita	20	60/unidade	1200.00
9. Fabrico de pacotes	6	60/unidade	360.00
10. Levantamento			
(i) Duas parelhas de bois	2	100/unidade	200.00
(ii) Unidade masculina	8	60/unidade	480.00
11. Debulha	16	60/unidade	960.00
12. Ceifa	2	60/unidade	120.00
13. Valor locativo dos terrenos	4 meses	1 60/unidade	640.00
14. Juros sobre o trabalho		9,5%/ano	306.00
Total			9956.00

Anexo 2 A economia dos diferentes tipos de transformação

Tratamentos	Custo comum (Rs/ha)	Custo das sementes (Rs/ha)	Custo do fertilizante (Rs/ha)	Custo de aplicação (Rs/ha)	Custo total (Rs/ha)	Rendimento bruto (Rs/ha)	Rendimento líquido (Rs/ha)	Rácio benefício/custo
S1V1N0	9956.00	134.00	0.00	0.00	10090	25415	15325	1.52
S1V1N1	9956.00	134.00	400.00	60.00	10550	28572	18022	1.71
S1V1N2	9956.00	134.00	800.00	120.00	10890	31104	20214	1.86
S1V2N0	9956.00	150.00	0.00	0.00	10106	21053	10947	1.08
S1V2N1	9956.00	150.00	400.00	60.00	10506	24613	14107	1.34
S1V2N2	9956.00	150.00	800.00	120.00	10906	30325	19419	1.78
S2V1N0	9956.00	134.00	0.00	0.00	10090	25909	15819	1.57
S2V1N1	9956.00	134.00	400.00	60.00	10550	26505	15955	1.51
S2V1N2	9956.00	134.00	800.00	120.00	10890	28218	17328	1.59
S2V2N0	9956.00	150.00	0.00	0.00	10106	17817	7711	0.76
S2V2N1	9956.00	150.00	400.00	60.00	10506	30347	19841	1.89
S2V2N2	9956.00	150.00	800.00	120.00	10906	30793	19887	1.82

Apêndice 3. Dados meteorológicos registados durante a época de cultivo

	Precipitação (mm)	Temperatura (^{0} C)		Humidade relativa (%)	
		Máximo	Min.	Máximo	Min.
1	9	35.4	20.1	73.1	43.20
2	11	34.2	20.7	78.2	39.68
3	0	32.0	18.7	86.1	41.67
4	0	32.8	18.8	79.7	42.90
5	0	29.3	15.4	80.8	47.33
6	0	27.0	13.7	82.5	49.18
7	0	27.2	12.0	82.8	55.94
8	0	26.9	12.3	81.7	54.63
9	0	23.7	8.3	83.6	65.18
10	0	24.0	7.9	83.8	67.00
11	250	24.7	10	91.1	59.40
12	1.6	19.6	8.0	91.8	58.37
13	1.9	15.4	6.1	92.1	60.02
14	0.4	15.3	4.1	89.3	73.11
15	0.4	15.3	3.9	91.7	73.78
16	0.4	21.2	8.3	90.5	59.95
17	3.0	21.4	8.8	89.0	58.06
18	0	25.1	8.4	86.0	66.57
19	0	23.3	11.7	86.65	49.11
20	5.7	28.0	14.2	85.5	49.44
21	0.2	25.6	11.3	85.4	56.47
22	0	29.5	14.4	82.4	52.15
23	0	32.4	16.0	80.8	50.42
24	0	33.7	18.1	76.7	46.45
25	0.1	34.6	18.3	70.0	46.90
26	0	38.4	21.2	66.6	44.90

MIX
Papier aus verantwortungsvollen Quellen
Paper from responsible sources
FSC® C105338

Printed by Books on Demand GmbH, Norderstedt / Germany